AF452624

MATÉRIAUX POUR L'ÉTUDE DES GLACIERS

PAR

 DOLLFUS-AUSSET.

ATLAS.

EXPLICATION DES PLANCHES.

PREMIÈRE PARTIE.

Planche 1.

Fig. 1 à 3.
Vues de la moraine du lac de Fondromé, près de Rupt (Vosges). Ce lac est situé, ainsi que l'indique la figure 3, dans un vallon entre le sommet d'une montagne de la petite chaîne et le fond de la vallée de la Moselle.

Il est d'origine glaciaire, ses eaux sont retenues par une petite moraine frontale barrant le vallon, et il pourrait être mis complétement à sec si le goulot d'écoulement ouvert dans l'amas adventif de sables et de galets finissait par se creuser jusqu'à la masse granitique qui le supporte.

Fig. 4.
Vue des trois premières moraines de la vallée du Chajoux à l'amont du village de La Bresse.

On en compte plusieurs en remontant cette vallée jusqu'à son origine, où la dernière forme le barrage d'un lac analogue au précédent, le lac de Lispack.

4

nière moraine, ainsi que l'indique la figure 6, est appliquées au pied du massif de la roche des ducs, séparant les deux vallées, et sur l'arête terminale des rochers formant à leur point de jonction un coin rappelant l'*Abscheung* du glacier de l'Aar.

Fig. 7.
Terrain erratique de la vallée de l'Ogrone près de Plombières; cette coupe indique les revêtements de sables et de graviers appliqués sur les flancs des montagnes à droite et à gauche de la vallée, et les blocs erratiques, soit disséminés sur les sommités, soit disposés en amas souvent importants, considérés à tort autrefois comme des nappes d'éboulements impossibles, puisqu'il n'existe sur le flanc ou sur les sommets des proéminences arrondies du voisinage aucun escarpement, aucun massif d'où elles pourraient provenir; les blocs qui s'y rencontrent ayant d'ailleurs une origine étrangère incontestable, et leurs formes anguleuses révélant un mode de transport qu'un glacier seul pouvait exécuter.

Planche 4.   BLOCS ERRATIQUES DES VOSGES.

Fig. 1.
Blocs granitiques reposant sur le grès des Vosges au sommet de la Charme (au gris mouton) près de Remiremont (Vosges).

Fig. 2.
Pierre Kerlinkin. Bloc de grès des Vosges redressé à couches verticales, et reposant sur des sables et galets en face de la Charme, au gris mouton.

Fig. 3.
Bloc granitique reposant sur le grès des Vosges, bordant la Moselle au lieu dit le Saut du Broc (rive gauche).

Fig. 4.
Bloc granitique sur le même grès, dans le village de Jarménil, à l'amont du Saut du Broc (rive droite).

Fig. 5.
Amas de blocs de Poudingue de grès des Vosges, sur les flancs des proéminences à droite et à gauche, de la vallée d'Ogrone (à Plombières).

Fig. 6.
Champs de blocs anguleux, frottés ou polis, des environs de Giromagny.

Planche 2.

Fig. 1 et 2. Figure 1, vue, et figure 2, coupe du lac des Corbeaux, à La Bresse (Vosges), dont la chaussée est constituée par une moraine dans laquelle les eaux ont graduellement approfondi le canal d'écoulement.

Leur niveau, par suite de ce travail intéressant, est descendu de sept mètres.

Fig. 3. Vue et coupe du lac de Blanchemer, au pied du Rotabac, ayant, comme les précédents, une origine glaciaire incontestable.

Fig. 4. Coupe entre Blanchemer et la première moraine frontale de Bellehutte : cette coupe indique la moraine retenant les eaux du lac.

Fig. 5. Coupe longitudinale des moraines échelonnées dans la vallée de Bellehutte, à l'amont du village de La Bresse (Vosges).

Fig. 6. Ces moraines, ainsi que l'indique la figure 5, offrent des coupures profondes qui permettent l'écoulement du ruisseau des Foignes-sous-Vologne, ne paraissent avoir à aucune époque barré complétement la vallée, au fond de laquelle on ne remarque pas de traces d'anciennes retenues d'eaux ou de petits lacs glaciaires.

Planche 3.

Fig. 1. La moraine de Wildenstein recouvrant le pied du massif de rochers qui surgit au milieu de la vallée. (Vue d'amont. — Haut-Rhin.)

Fig. 2. Vue de la moraine appuyée contre le massif de rochers porphyriques et de schistes au sommet duquel est bâti l'église d'Oderen (Haut-Rhin.)

Fig. 3. Coupe de ce massif suivant l'axe de la vallée, indiquant les relations des roches porphyriques et des schistes de la Grauwack polis et striés, et de l'amas de sables et de galets constituant la moraine profonde et frontale.

Fig. 4. Coupe de la moraine frontale barrant la vallée plus à l'aval au-dessous du village de Crüth.

Fig. et 6. Coupe des moraines latérales et médiane des vallées de Rochesson et de Sapois (Vosges) : cette der-

Planche 5.

Fig. 1. Coupe du terrain erratique de Rupt (vallée de la Moselle, Vosges).

Au milieu de la vallée surgissent des mamelons granitiques polis et striés : à gauche, on voit la moraine retenant les eaux du lac de Fondromé; et à droite, les moraines frontales échelonnées dans le vallon désigné sous le nom de Colline au-dessus de Rupt.

Fig. 2. Vue des rochers polis et striés, formant au-dessus de la moraine profonde les mamelons indiqués dans la coupe (figure 1 ci-dessus).

Fig. 3 et 4. Un plan de l'un d'eux, fig. 3, et une coupe, fig. 4, indiquant par une ligne *a b* sur le plan la direction des stries, la surface polie et striée, le côté attaqué par la glace à l'amont, *Stossseite*, et à l'aval, l'escarpement préservé, sur lequel on ne remarque aucune trace de frottement et d'usure, *Seeseite*.

Fig. 5 et 6. Les figures 5 et 6 indiquent l'aspect de la surface d'un rocher granitique traversé par un réseau de filets de quartz, restés en relief sur la roche ultérieurement décomposée.

Les surfaces polies de ces filets de quartz se coordonnent à la surface frottée et polie du rocher.

Fig. 7. Et enfin la figure 7, offrant en plan le réseau copié figure 6, indique les stries très-fines gravées sur le quartz, et qu'on retrouve en outre, et souvent largement creusées, sur les surfaces polies des parties granitiques qui ont résisté jusqu'ici à toute altération.

Fig. 8. Vue des rochers polis et striés, avec Karrenfelder, du Glausteln, près de Wesserling (Haut Rhin).

Ces rochers, formés d'un schiste noir assez dur, offrent des stries parfaitement conservées; et des Karren révélant l'action combinée de l'eau à l'état liquide et de la glace.

Les stries suivent la direction de l'axe de la vallée (de droite à gauche de la figure).

Planche 6.

Fig. 1.
Action des eaux de la Moselle sur la nappe profonde de comblement, calmes et rapides, etc.

Les eaux des rivières attaquent, entament et déplacent sans cesse les portions des nappes de comblement dans lesquelles leurs lits sont ouverts, et plus
ou moins profondément, suivant leur force et la
nature des comblements, généralement constituées
par des amas de sables et de menus galets.

Elles entraînent ou déposent ces matériaux sous
formes de bancs ou d'îlots, déterminant par leurs
dispositions et suivant les pentes, ces calmes ou ces
rapides dont nos cours d'eau offrent de si nombreux exemples résumés dans la planche 6.

Fig. 2.
Cette figure indique les dispositions de quelques
petits îlots ou bourrelets de graviers du lit de la
Moselle dans les coupes *ab, cd, ef.*

Fig. 3.
Nos 1, 2 et 3 en offrent les coupes et indiquent les
dispositions irrégulières bien différentes des coupures
à étages successifs, coupes purement théoriques,
dont on ne retrouve *nulle part* des types certains.

Fig. 4.
La figure 4 est une coupe longitudinale d'un cours
d'eau coulant sur une nappe de sables et de galets,
dans laquelle il détermine des dépressions et des
renflements dont les figures 1, 2 et 3 rappellent les
dispositions et les coupes transversales.

Cette coupe ne rappelle pas plus que les précédentes, ces surfaces parfaitement unies des anciens
comblements, ces nappes profondes que les torrents
et les rivières n'ont touché que pour y occasionner
des dérangements, des désordres plus ou moins
considérables.

Fig. 5.
Coupe de l'extrémité inférieure du glacier du
Rhône.

La moraine frontale 6, en voie de formation au
moment où la coupe a été relevée, était pressée
contre la moraine précédente dont la surface était
déjà couverte de végétation et de quelques arbrisseaux (pins) et le glacier s'avançait sur l'ancienne

Choisis parmi les échantillons de roches du massif
des Ballons, après un parcours de soixante kilomètres, ceux qui se trouvent dans le comblement
inférieur devraient avoir sensiblement les mêmes
formes arrondies, s'ils avaient été roulés et transportés par les eaux soit du cours d'eau actuel, soit
d'une rivière autrefois plus puissante. De plus, ils
devraient être mélangés et confondus en franchissant les passes étroites de la vallée ; mais il n'en
est rien, et ils se retrouvent classés et distribués
suivant un ordre régulier par bandes parallèles qui
permettent, à partir d'un point quelconque de la
nappe, de suivre de proche en proche les traces de
leur marche jusqu'à leurs gisements primitifs.

Même Planche (2e Partie).

Fig. 1 à 9.
Galets du grès des Vosges (quartzites).

Dans cette formation, qui offre les caractères d'un
dépôt glaciaire d'une époque géologique reculée,
on retrouve les mêmes formes que ci-dessus, des
sphéroïdes, des disques aplatis ou des galets anguleux. La figure 6 est une coupe du disque figure 2.

On y retrouve des surfaces parfaitement polies,
soit seulement frottées, soit brutes, et des galets qui
semblent n'avoir subi aucun frottement. (Ils ont
évidemment l'aspect de galets erratiques.)

Planche 9.

Fig. 1 à 8.
Galets erratiques de la vallée du Rhône, au
péage de Roussillon. Le no 4 provient du lit même
du Rhône : a, coupe du disque no 2.

Fig. 9 à 13.
Galets du Nagelflueh recueillis dans la vallée du
Rhin.

Fig. 14 à 20.
Galets glaciaires du comblement de la vallée du
Rhin.

Sphéroïdes, disques, fragments, usés, polis,
bruts, émoussés partiellement ou complétement
anguleux : formes que n'affecteraient pas des galets
ayant roulé dans le Rhin et parcouru la distance
considérable qu'ils ont franchie des Alpes à la
plaine d'Alsace.

moraine profonde *e e e*, sur laquelle s'étalent les moraines frontales abandonnées antérieurement et vers lesquelles il tendait à revenir (1848).

Planche 7.

Fig. 1. — Nappe profonde du bassin de la Moselle au-dessous d'Épinal, dans la plaine de Chavelot.

La légende de cette figure en indique le but : l'auteur, en la relevant d'après nature, a voulu démontrer l'action destructive des eaux sur un comblement de sables et de graviers en rapprochant les parties de la nappe situées hors de leurs atteintes et ayant conservé leur nivellement, leur règlement primitif, imprimé par la masse puissante de l'ancien glacier de la Moselle.

Fig. 2. — Nappe de comblement de la vallée de la Vraine.

Cette nappe, parfaitement dressée longitudinalement et transversalement après la disparition des glaciers, n'a subi que des modifications qui n'en ont pas changé l'aspect.

La petite rivière de la Vraine coulant lentement dans un lit sinueux, en raison du peu de pente de la vallée, subit annuellement des crues plus ou moins considérables et se répand sur de grandes surfaces de la prairie, sans y causer des affouillements, mais en déposant un limon boueux qui relève graduellement le niveau de la surface. Ces dépôts constituent sur le comblement erratique une nappe alluvienne qu'on ne saurait confondre avec lui.

Fig. 3. — Nappe de comblement de la vallée de l'Auger, offrant les mêmes conditions que le comblement de la vallée de la Vraine représentée fig. 2 ci-dessus.

Planche 8 (1re Partie).

Fig. 1 à 26. — Galets glaciaires des Vosges provenant des moraines frontales et de diverses parties du lit même de la Moselle (moraine profonde).

Ces galets offrent toutes les formes : ils sont parfaitement ou partiellement arrondis et polis, anguleux, à surfaces brutes ou légèrement frottées.

Fig. 27 à 30. — Galets recueillis dans les dépôts constituant ce qu'on a appelé le diluvium de la Suisse : mêmes formes arrondies, surfaces polies ou brutes, angles vifs ou émoussés, des galets provenant des dépôts glaciaires bien reconnus.

Planche 10. DIVERSES FORMES DES GALETS GLACIAIRES DE LA SUISSE ET DES VOSGES.

1 Sphéroïde poli ; 3 et 4 disques aplatis (à coupe du disque n° 4, Suisse).

Fig. 1 à 9. — (Coloriées en brun.)

Galets anguleux ou provenant des nappes couronnant les plateaux bordant le bassin de la Moselle.

1 et 2. Fragments de grès bigarré.

3. Argile du grès bigarré.

4, 5 et 6. Fragments de galets quartzeux provenant du grès des Vosges.

7, 8 et 9. Galets granitiques.

Fig. 10. — Galet de diorite, poli et strié.

Fig. 11. — Galet de schiste de Bussang, poli et strié.

Ces deux numéros ont été recueillis dans la moraine profonde de la Moselle et proviennent de la localité figurée planche 7, fig. 1.

Fig. 12. — Galet de schiste strié, de la moraine latérale du Thillot.

Fig. 13. — Galet poli et strié du Schliffels, vallée de Saint-Amarin.

Fig. 14. — Fragment d'un bloc poli et strié, de la même localité.

Planche 11. ACTION DES EAUX SUR LES ROCHERS.

Fig. 1, 2, 2ᵃ et 3ᵃ. — Coupe des rochers de grès des Vosges, du Seul du Broc, avec les Karrenfelder entrecroisés et les cavités dont les détails sont donnés fig. 2, 2ᵃ et 3ᵃ.

Les parties les plus dures des rochers ayant mieux résisté à l'action des eaux, sont restées en

saillies contournées et arrondies : les parties moins solides ont été entamées plus ou moins profondément, et ont donné lieu au creusement de ces petits canaux irréguliers que représente plus particulièrement la figure 3*, de ces cavités plus ou moins profondes, de ces trous connus sous la dénomination de marmites.

Fig. 3.
La coupe, figure 3, représente l'une de ces cavités sur les parois desquelles, dans les grès principalement, des sillons latéraux taillés en spirales ou à vis se produisent sous l'influence des eaux poussant avec violence des galets, en leur imprimant de haut en bas un mouvement de rotation en spirale, avant de les laisser retomber au fond où ils continuent à tourner et à exercer leur action évasive.

Fig. 4 et 4*.
Rochers granitiques du Saut des Cuves (à Gérardmer), à surfaces sillonnées et perforées verticalement.

Dans la coupe n° 4*, on a figuré un galet porphyrique retiré de l'une de ces cavités, continuant le forage, aidé par un mélange de galets anguleux et de sables, mis en mouvement chaque fois que les eaux atteignent le rocher et coulent à sa surface.

Fig. 5.
Marmites et Karren des rochers granitiques situés dans le lit de la Moselotte, aux graviers, commune de Saulxures. Les blocs agissant dans les cavités, dont quelques-unes ont 2 ou 3 mètres de diamètre, sont indiqués sur le croquis.

Fig. 6.
Collection de galets calcaires des lits de la Meuse et du Mouzon, émoussés et altérés, mais n'offrant aucune trace de surfaces polies et frottées à la suite d'un transport plus ou moins violent ; roulés à de courtes distances, ils diffèrent essentiellement des galets glaciaires, et ils appartiennent à la catégorie des galets alluviens.

Planche 12.

Fig. 1.
Moraine profonde des glaciers de l'Aar dans le cirque de Ræderichsboden : sur le premier plan,

Planche 14.

Fig. 1.
Moraines profonde, latérale et frontale entre Archettes et Longuet, vallée de la Moselle, vues d'amont (voir planche 13, fig. 1).

Fig. 2.
Coupe de la même partie de la vallée.

Fig. 3.
Les mêmes moraines, vues de l'aval, depuis le village d'Éloyes.

Le lit de la Moselle est creusé dans la moraine profonde.

Fig. 4.
Moraines profonde et latérale de la vallée de la Moselle au-dessous d'Épinal.

Fig. 5.
Coupe transversale de cette partie de la vallée à la hauteur du moulin de Barbelouse.

A ce point, la Moselle coule au pied d'un escarpement du calcaire Muschelkalk (rive gauche), constituant les proéminences de la rive droite recouvertes comme celles de la rive gauche par la nappe profonde elle-même, divisée en plusieurs étages sur la rive droite du cours d'eau actuel jusqu'à la plaine de Dogueville.

Fig. 6.
A l'amont de Châtel, au-dessous d'Épinal, on observe des dispositions analogues des moraines et des comblements glaciaires, et les dépôts sont disposés par étages successifs, dans lesquels on rechercherait inutilement des preuves de l'ancienne extension du cours d'eau qui, à une époque reculée, aurait pu atteindre les plateaux et morceler les amas de sables et de graviers.

Fig. 7.
La Moselle, probablement plus puissante autrefois, n'a jamais débité un volume d'eau assez considérable pour atteindre, non-seulement le plateau de la Vierge, mais même celui que traverse la route de Metz à Besançon, dominant son cours aujourd'hui. Ce dernier de 20 mètres et le premier de 100.

Avec une lame d'eau de cette puissance, et en raison surtout de la pente de la vallée, la Moselle aurait acquis une vitesse extraordinaire, et elle aurait infailliblement détruit et entraîné cet amas de

la moraine profonde barrant la vallée à l'aval, et
que franchit le chemin de la Handeck au Grimsel.

Fig. 2. Moraine profonde des mêmes glaciers dans le
cirque d'Im-Grund.

a. Moraine du Kirchet; b. petite moraine frontale reposant sur la moraine profonde au pied et à l'amont du Kirchet.

Fig. 3. Amont du lac de Brienz: moraine profonde jusqu'à la tête du lac : a. cône de déjection ancien d'un torrent qui a perdu une grande partie de son énergie: ce cône est couvert de végétation et d'habitations.

b. Cône de déjection récent et en voie de formation.

Fig. 4. Plan des marmites de la tête des Cuveaux dominant la vallée de la Moselle, rive droite à Éloyes, entre Épinal et Remiremont.

Fig. 5. Elles sont creusées à la surface d'un promontoire de grès des Vosges couronnant une montagne granitique dont le croquis est donné figure 5.

Fig. 6. Coupe prise du sommet de ce promontoire aa, au fond de la vallée, où l'on voit les moraines profondes et latérales de l'ancien glacier de la Moselle.

Planche 13.

Fig. 1. Moraine profonde et moraine frontale barrant la vallée de la Moselle à Longuet, au-dessous de Remiremont, vues d'amont.

Fig. 2. Moraine profonde entre les lacs de Brienz et de Thun à Interlacken.

Sa régularité n'est pas interrompue vis-à-vis des gorges de Lauterbrunnen.

Fig. 3. Coupe entre Im-Grund et Meyringen.

aa. Moraine profonde.

c. Moraine du Kirchet.

d. Moraine frontale du bas du cirque.

b et c. Cônes de déjection étalés sur la moraine profonde à Meyringen.

sables et de galets qui sont restés intacts et qui ne
sauraient résister à l'action destructive du plus
mince filet d'eau.

Planche 15.

Fig. 1. Moraines profondes et latérales des bassins de la Meurthe et de la Fave à Saint-Dié.

La moraine profonde renferme les débris des diverses roches granitiques provenant de l'amont du bassin, et la moraine latérale appliquée à la base de la montagne d'Ormont comprend tout particulièrement les sables et les galets du grès vosgien constituant les massifs bordant latéralement le bassin de la Fave et de la Meurthe, à partir de Saint-Dié.

Fig. 2 et 3. Coupe du terrain erratique de la vallée de la Vologne près de Docelles.

Moraine profonde dans laquelle s'est creusé le lit de la Vologne, et moraines latérales constituées en grande partie de débris de grès des Vosges.

Toutefois des blocs granitiques assez volumineux s'y rencontrent çà et là; ils sont non-seulement polis, mais encore parfaitement striés, et offrent les caractères incontestables de blocs glaciaires: leur présence ne permet plus d'attribuer à l'action des eaux ces dépôts considérés à tort autrefois comme des *dépôts diluviens*.

Fig. 4, 5, 6 et 8. Coupes des moraines *stratifiées* de Saint-Amé, du Saut des Cuves, de Rupt et du Tholy.

Ces dépôts offrent des couches bien distinctes mais souvent enchevêtrées comme dans toutes les masses de roches arénacées.

On voit qu'elles ont été formées de remblais successifs par couches superposées prenant l'inclinaison moyenne de la surface du terrain recouvert.

Au sommet de ces moraines, on rencontre souvent des blocs granitiques plus ou moins volumineux, déposés sur les crêtes supérieures des bourrelets.

Fig. 7 et 8. AB et BC (se faisant suite). Coupe longitudinale

des vallées de la Moselle, de Cleurie et de la Vologne, entre Éloyes et Retournemer.

Cette coupe indique les relations de la moraine profonde contenue entre les points extrêmes AC, les bourrelets barrant ou longeant les vallées (moraines frontales et latérales).

Les moraines frontales barrant un vallon latéral à Éloyes, et la vallée de Cleurie près de Saint-Amé, etc.

Enfin les blocs erratiques disséminés sur les flancs et sur les sommets des montagnes, et les lacs glaciaires retenus par des moraines à Gérardmer et à Longemer, tandis que le lac de Retournemer, résultant d'une disposition orographique particulière, est retenu par une barre granitique faisant partie du massif constituant le fond et les montagnes du pourtour du bassin.

Fig. 10. Détail de la coupe précédente pour indiquer les relations de la moraine profonde, des moraines frontales qu'elle supporte et de la tourbière glaciaire qui s'est formée dans tout l'espace marécageux comprenant l'emplacement d'un petit lac graduellement desséché quand les eaux ont eu atteint la base des barrages qui arrêtaient leur cours.

Planche 16.

Fig. 1. Les sablons de Rémonvillers, moraine frontale barrant presque entièrement un vallon latéral de la Moselle, et à l'amont duquel un petit lac a dû temporairement exister.

Fig. 2. Disposition des terrains erratiques dans la vallée de la Moselle entre Nomexy au-dessous d'Épinal, et Saint-Maurice au pied du Ballon.

Cette série de profils montre la moraine profonde dans laquelle est ouvert le lit de la Moselle : les moraines latérales, les moraines terminales des vallées latérales, ayant à droite e. à gauche leur courbure tournée vers le Thalweg : disposition absolument impossible dans l'hypothèse d'un courant puissant, entraînant, à partir des montagnes de la

Planche 18.

Fig. 1. Coupe générale des moraines de Rupt et du Remiremont.

A gauche, les moraines frontales de Rupt dont la courbure est tournée vers le fond de la vallée (rive droite de la Moselle).

A droite (rive gauche de ce cours d'eau), les moraines de la grande Courrue tournées vers la Moselle, et celles du col d'Olichamp ou de la Demoiselle tournées en sens contraire.

Voir le plan, planche 17, figure 1).

Enfin les blocs disséminés dans les vallées latérales ou sur les hauteurs.

Fig. 2. Coupe transversale de la vallée de la Moselle à la hauteur de Remiremont, indiquant la moraine profonde, les moraines latérales, les moraines frontales de la grande Courrue et la position des blocs erratiques figurés (planche 4, fig. 1 et 2.)

(Blocs de la Charme et Pierre Kerlinkin.)

Fig. 3. Vue d'amont des moraines frontales du Rein-Brice au Tholy.

Vers leur milieu, on voit la coupure par laquelle s'écoule librement aujourd'hui le ruisseau de Cleurie, retenu autrefois par ces barrages glaciaires au-dessus du niveau de la plaine d'amont convertie alors en un lac peu profond auquel a succédé, après le creusement complet du chenal d'écoulement, un marais tourbeux.

La grande et belle tourbière (dite du Rein-Brice) formée dans ce marais glaciaire, est aujourd'hui entièrement à sec, le ruisseau étant descendu au-dessous du niveau de la surface de la moraine profonde que la tourbe recouvre.

Fig. 4. Coupe de ces moraines suivant le cours de la vallée : elle montre leur superposition sur la moraine profonde et les tourbières touchant le pied du dernier barrage d'amont.

chaîne, tous les matériaux transportés et abandonnés non-seulement dans les cavités, mais éparpillés sur toutes les sommités des montagnes et des coteaux figurés dans cette figure.

Fig. 3. — *AB* et *BC* (se faisant suite). Coupe longitudinale de la vallée de la Moselle entre Nomexy et Remiremont, pour compléter l'exemple donné par la figure 2.

Planche 17.

Fig. 1. — Plan des moraines du col d'Olichamp et de la grande Courrue à Remiremont.

Le glacier de la Moselle, durant sa période de retraite, s'est arrêté sur les hauteurs d'Olichamp séparant le bassin principal de la vallée de l'Ognon, et y a laissé une série de moraines terminales marquant son action sur ce point.

La moraine terminale de Longuet n'a pu se produire que postérieurement quand le glacier avait déjà subi une réduction notable de hauteur.

Et plus tard encore, les matériaux qu'il avait rejetés dans le cirque de la grande Courrue, ont pu être remaniés par un petit glacier latéral et repoussés en sens inverse sous forme de moraine frontale ayant sa courbure tournée vers la grande vallée.

Les points rouges marquent les blocs erratiques dispersés sur les plateaux à la surface des dépôts et revêtements erratiques et abandonnés par le glacier durant sa retraite.

Fig. 2. — Croquis du bas de la vallée de Ventron, indiquant les moraines et les dépôts erratiques situés au confluent des deux vallées de Ventron et de Travenin et dans la passe étroite qui y fait suite, précisément au point ou un courant diluvien aurait acquis une vitesse énorme et une force plus que suffisante pour balayer les menus matériaux et même les blocs constituant les dépôts.

(Des coupes transversales *AB* et *CD* sont données planche 19, figures 4 et 5.)

Planche 19.

Fig. 1 et 2. — Vue et coupe de la moraine frontale du Saut des Cuves à Gérardmer.

Cette moraine traverse la vallée de Vologne près de la cascade, mais rien n'indique un barrage complet à une époque quelconque, ni l'existence même temporaire d'un lac précédent celui de Longemer situé plus à l'amont.

Sur la droite de la Vologne, la moraine frontale n'est que rudimentaire, et elle est réduite à une couche peu puissante de menus matériaux recouverts de blocs éparpillés ou groupés en amas considérables.

Fig. 3. — Coupe prise à Longemer.

a. Aboutissement sur le flanc de la montagne (rive droite du lac).

b. Moraine latérale (rive gauche).

c. Moraine frontale du lac de Lispack.

Fig. 4 et 5. — Coupes suivant les lignes *AB*, *CD*, en long et au travers des moraines de la vallée de Ventron dont le plan est donné planche 17 (voir cette planche).

Planche 20.

(Cette planche devrait suivre le n° 5 et porter le n° 6.)

Fig. 1. — Plan d'une partie de la vallée de la Moselle à Rupt, au lieu dit le tissage des Maix, sur lequel est compris le rocher principal dont les coupes sont données, savoir:

Fig. 2. — Suivant la ligne transversale *AB*.

Fig. 3. — Suivant la ligne longitudinale *CD*.

Fig. 4. — Coupe du détail d'une partie de ce rocher, indiquant les stries glaciaires qu'on remarque sur les roches polies de cette localité, et dont la direction est parallèle à l'axe de la vallée.

(Les 4 premières figures de cette planche complètent ces détails reproduits planche 5, figures 2, 3, 4, 5, 6 et 7.)

Fig. 5. — Blocs erratiques disséminés vers le haut de la côte à l'amont du village de Rochesson.

Planches 21, 22, 23 et 24.

(Voir à la fin la notice sur les stations météorologiques du glacier de l'Aar et du col du Saint-Théodule.)

Planches 25 et 26. TERRAIN ERRATIQUE DE LA VALLÉE DU RHIN.

1re Planche 25. Fig. 1. Coupe du Sulis à Grisheim.

Nappe ou comblement erratique de la vallée dans lequel est ouvert le lit du Rhin.

Fig. 2. Coupe de ce comblement de Dellingen à Thann, indiquant les dépôts erratiques existant sur les plateaux relevés au-dessus du niveau de la nappe.

Fig. 3. Coupe de Bâle au ballon de Saint-Maurice (Vosges). Comblement de la vallée du Rhin à Bâle, et dépôts erratiques sur toutes les sommités du Folgensberg, de Valdieu et dans le cirque de Sewen.

Fig. 4. Juxtaposition des comblements de la Birse et du Rhin.

Fig. 5. Superposition des comblements de la Wiese et du Rhin.

Fig. 6. Coupe entre l'Ochsenfeld et le petit Kembs, indiquant les relations sans mélanges des comblements du Rhin et des Vosges.

1. Terrain erratique alpin.

2. Terrain erratique vosgien.

3. Lehm dans la plaine et sur les plateaux.

4. Terrain tertiaire.

2e Planche 26. Fig. 1. Vue de la vallée du Rhin, près de Dellingen.

La surface du comblement parfaitement nivelée : lit du Rhin avec toutes les proéminences, bancs et îles déterminés par l'action des eaux à diverses époques dont le détail est donné par la figure 2.

Fig. 2. Coupe du lit du Rhin, avec les îles et bancs actuels ; l'indication des bancs tels qu'ils devaient être quand le fleuve coulait au niveau dd.

Ouverture du lit ancien cc.

15) offrent les formes des galets glaciaires : ils sont polis, arrondis en forme de disques, partiellement frottés ou bruts ou même anguleux.

Fig. 28 à 31. Diverses formes de galets du comblement du Rhin, recueillis sur divers points de la nappe.

Planche 27. COUPE DE L'ANCIEN GLACIER DE LA MOSELLE, A LA HAUTEUR DE CHATEL, AU-DESSOUS D'ÉPINAL.

Sous le glacier, on voit la nappe de comblement dans laquelle se sont ouverts les lits de la Moselle et de deux affluents, le Durbion et l'Avière, qui suivent leur ancien cours : la Moselle seule a exercé des érosions à droite et à gauche sur une certaine étendue de terrain.

Sur les flancs des proéminences bordant la vallée, le glacier a appliqué des revêtements erratiques parfaitement conservés aujourd'hui, chaque fois que les escarpements n'offrent pas de pentes trop rapides.

Le comblement et ces revêtements offrent des galets, débris de toutes les roches granitiques porphyriques et même de grès de l'amont de la vallée.

Mais sur les plateaux, les dépôts de sables argileux renferment exclusivement des galets quartzeux provenant de la destruction des poudingues du grès des Vosges. C'est que les glaciers latéraux des deux rives sortaient de la région occupée principalement par cette formation.

Évidemment la Moselle, assez puissante non-seulement pour remplir la section de la vallée, mais encore pour s'étendre sur les plateaux voisins, aurait opéré le mélange de tous ces matériaux du comblement, loin d'en faire le triage et de les abandonner, malgré la violence de son cours, sur les points où on les retrouve aujourd'hui en bandes parfaitement séparées et distinctes.

ab. Surface de la nappe que le Rhin n'a parcourue à aucune époque et qui n'offre aucune trace de l'action accidentelle, temporaire, ou prolongée d'un cours d'eau plus puissant.

Fig. 4.   Entre Schlierbach et le petit Kembs, la nappe de *a* en *b* a une pente de 0,0015 sur 6 kilomètres jusqu'au lit du Rhin : et comme on l'a remarqué sur les coupes, fig. 1 et fig. 2, placée en dehors des atteintes du Rhin, elle a conservé sa régularité première.

Fig. 5.   Terrasses étagées *imaginaires*, produites dans les comblements, par suite des réductions accessoires des courants diluviens :

Dispositions qu'on trouve uniquement dans des dessins théoriques, mais que nous n'avons retrouvées dans aucune des vallées qu'il nous a été donné d'étudier.

Fig. 6.   Nappe de comblement régulière à surface nivelée, au débouché de la vallée de la Thur entre Thann et Cernay.

Fig. 7.   Coupe longitudinale entre ces deux points.

Fig. 8, 9 et 10.   Coupes transversales de ce comblement indiquant le lit creusé par la Thur.

Fig. 11.   Dispositions, sous forme de cônes de déjection, qu'auraient prises le comblement, s'il s'était produit sous l'influence de torrents et de courants diluviens.

Fig. 12 et 13.   Coupes des bancs de graviers, à galets imbriqués observés dans le lit du Rhin.

Fig. 14.   Coupe du lit du Rhin et des bancs de graviers qu'on y observe dans les environs d'Istein.

Fig. 15.   Coupe d'une portion de la nappe de comblement du Rhin dans les environs de Mulhouse.

Les galets n'y sont ni imbriqués ni distribués par ordre de grosseur ; ils ne sont pas lavés et ils sont généralement enduits de boue glaciaire dont les galets touchés ou remaniés par les eaux ont perdu toute trace.

Fig. 16 à 22.   Les galets disséminés dans le comblement (fig.

DÉPÔTS ERRATIQUES DE LA MEUSE.

Fig. 1.   Coupe d'un dépôt erratique latéral, observé dans la vallée du Mouzon, près de Neufchâteau (Vosges).

1. Calcaire jurassique.

a. Blocs anguleux, imparfaitement arrondis ou frottés, enveloppés d'une terre argileuse.

b. Argile jaunâtre et rouge.

c. Sable calcaire (ou fragments très-petits de calcaire, usés et frottés) mêlé d'argile et de sable ferrugineux.

d. Galets polis, arrondis et anguleux libres ou réunis sur quelques points par un ciment ou tuf calcaire.

Fig. 2.   Vue de l'éperon (Abschwung) *A*, situé au confluent du Mouzon et du ruisseau du Bany, et qui se rattache aux proéminences séparant ces deux cours d'eau.

Fig. 3.   Coupe de cet éperon au point *A*.

Surfaces irrégulières moutonnées du calcaire jurassique, recouverte d'un dépôt de transport et de comblement erratique, renfermant des galets calcaires et siliceux et des ossements d'éléphants.

Fig. 4.   Croquis des rochers de Saint-Mihiel, à l'amont et à la sortie de la ville.

Fig. 5 et 6.   Sillons et Karren de l'époque glaciaire que l'on remarque sur les rochers.

Fig. 7.   Coupe prise suivant la vallée de la Moselle entre Igney et Toul, et prolongée transversalement de la Moselle à la Meuse.

Dans la première partie, on suit le comblement de matériaux granitiques des Vosges jusqu'à Toul : et on le voit cesser sur les hauteurs dominant la Meuse, où il est remplacé par un dépôt renfermant exclusivement des cailloux du grès des Vosges, abandonnés sur les plateaux et transportés dans le bassin de la Meuse et même au-delà par les gla

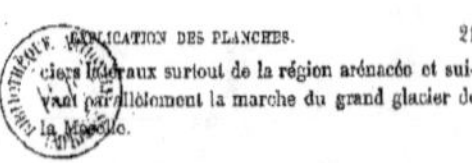

ciers latéraux surtout de la région arénacée et suivant parallèlement la marche du grand glacier de la Moselle.

Planche 28. MORAINE PROFONDE DU GLACIER DE L'AAR.

Fig. 1.

Coupe transversale du lit de l'Aar, au premier pont à l'amont du Grimsel (Aarboden).

Les eaux du torrent entament le comblement erratique, sans le détruire, dans un canal dont les bords sont taillés à pic et qui n'a pas plus de 10 à 12 mètres de largeur.

Fig. 2.

Rocher des chàlets de l'hospice, poli et strié à l'amont et offrant latéralement une surface rugueuse que le glacier n'a pas touchée, et qu'il conserve même sous le comblement qui l'aurait infailliblement polie si la masse de galets avait été mise en mouvement et transportée par un torrent.

Fig. 3.

Coupe des rochers ayant des surfaces non corrodées, à saillies anguleuses, au-dessus du niveau $x\,y$ que les plus hautes eaux n'ont jamais dépassé.

Fig. 4.

Rocher anguleux, moraines et blocs à la sortie du défilé de l'Aar, à l'amont d'Im-Grund.

Ces dépôts erratiques, parfaitement conservés, ne permettent pas d'admettre à une époque antérieure l'intervention d'un courant diluvien qui les aurait complétement détruits.

Fig. 5.

Coupe de la vallée de l'Aar entre le glacier et la moraine frontale de Ræderichsboden.

Cette coupe montre la moraine profonde disposée par étages successifs en descendant la vallée, et en nappes régulières et parfaitement nivelées, bien différentes des cônes de déjections des torrents imaginaires à l'action desquels la formation de ces dépôts a pu être attribuée.

liage, s'ajoutent les déjections des glaciers latéraux suspendus de la Broglia et du Frêne.

La figure 2 est une coupe théorique imaginaire, et la figure 3 la coupe indiquant les relations réelles des divers dépôts glaciaires ou formés par les eaux.

Planche 30. BASSIN DU PO.

Fig. 1, 2 et 3.

Cônes de déjection des torrents superposés aux dépôts de comblements erratiques de la vallée.

Fig. 4.

Coupe prise de la colline de Turin à Aviglia.

Moraines profondes de la Doire et du Pô.

Moraines frontales de Rivoli et blocs erratiques alpins, éparpillés sur la colline de Turin.

Fig. 5.

Les moraines frontales de Rivoli au débouché de la vallée de la Doire, vues d'amont.

Fig. 6 et 7.

Dispositions qu'offrirait le comblement sous les anciennes moraines s'il s'était produit antérieurement à l'époque glaciaire, sous l'influence de torrents qui évidemment lui auraient imprimé la forme de cône de déjection à pentes plus ou moins prononcées.

Fig. 8.

Comblement et moraines de Rivoli et cône de déjection de la Stura, vus de la colline de Turin.

Fig. 9 et 10.

Coupes du comblement entre Aviglia et Turin, entre Turin et Lanza, avec indication des pentes et des relèvements qu'offrirait un dépôt diluvien.

Fig. 11.

Coupe de comblement entre les vallées de la Bormida et du Tanaro et le lac Majeur, ancienne moraine d'Olégio.

Fig. 12, 13 et 14.

Cours du Pô, et relèvements alluviens de son lit.

Fig. 15.

Coupe d'Ivrée à la colline de Turin par le lac de Candia et les anciennes moraines situées au débouché de la Dora Baltéa (moraines d'Ivrée).

Planche 31.

Fig. 1.

Nappe profonde de la Linth à Benken.

Fig. 8.
Nappe de comblement et grand cône de déjection de Meyringen.

Cette nappe se retrouve au pied des rochers du Kirchet nivelée et sans ondulations.

Les cônes de déjection des torrents s'étalent à sa surface; on en voit un petit dans le fond à la sortie du défilé de l'Aar sous le Kirchet.

A gauche, on voit une coupe du grand cône sur lequel sont construits un certain nombre des châlets dépendant de Meyringen.

Planche 29.

Fig. 1.
Coupe du comblement de la vallée du Rhin

1. Formation inférieure d'origine des Alpes (prétendus diluvienne alpins).

2. Formation moyenne d'origine des Vosges, sur la rive gauche du Rhin, et de la Forêt-Noire sur la rive droite.

3. Formation supérieure lehm ou lœss dans la plaine et moraines dans la montagne.

Fig. 2.
Coupe de l'allée Blanche donnée par M. Ed. Collomb (*Bulletin de la Société géologique de France*, 2, VIII, 1850).

Fig. 3.
Coupe de l'allée blanche (H. Hogard, août 1849).

Les glaciers actuels de la Brenva et du Miage reposent sur leurs moraines profondes constituant les nappes nivelées des comblements du Frêne et de la plaine, au-dessous de la Breuva; sous le lac Combal et dans le petit cirque à l'amont de l'ancienne moraine frontale des châlets sous le col de la Seigne.

Les eaux du lac Combal sont retenues par la moraine latérale droite du glacier du Miage.

A l'amont du lac qui finira par se combler, on voit un cône de déjection produit par les eaux du torrent intermittent descendant du col de la Seigne, et sur lequel viennent s'étaler les matériaux rejetés par le glacier latéral de Chancelette.

A la moraine latérale gauche du glacier du

Fig. 2 et 3.
Plan et coupe à l'amont et à l'aval de la proéminence barrant partiellement la vallée entre Maseldrang et Benken, et à la rencontre ou à la suite de laquelle le nivellement de la nappe de comblement a conservé sa régularité sans aucun dérangement.

Fig. 4.
Plateau de Bonaduz vu d'amont en sortant de Reichenau, nappes et cônes erratiques.

Le Rhin coule au pied de rochers sur lesquels est bâti le château de Ttarens, au fond de la coupure indiquée sur la droite du croquis.

Planche 32.

Fig. 1.
Coupe de ce plateau suivant l'axe de la vallée.

AA, moraine profonde; *BB*, moraines latérales; *C*, cônes erratiques, restes d'une moraine frontale.

D, Cône de déjection (moraine latérale remaniée par un torrent.

Fig. 2.
Croquis du même plateau, vu d'amont.

Fig. 3.
Coupe de Tusis au confluent des deux Rhins par ce plateau.

Si les eaux du Rhin postérieur s'étaient jamais élevées jusqu'au plateau et l'avaient franchi, elles en auraient balayé sa surface, ou entraînant la moraine profonde qui la recouvre et les cônes qu'elle supporte.

Fig. 4.
Coupe du cône le plus élevé (hauteur 34 mètres);

Fig. 5.
Forme qu'offrirait un cône de même hauteur établi dans le lit d'un courant, d'après les observations des bancs alluviens du lit actuel du Rhin.

Ces dispositions si différentes ne révèlent évidemment pas l'intervention de causes identiques.

Fig. 6.
Croquis du bassin au confluent du Rhin et du Schein, sous la Viamala et Tusis.

Comblement régulier à surface réglée, sur laquelle s'étale le grand cône de déjection torrentiel de Tusis.

Fig. 7.
Dispositions que devrait offrir ce comblement si des courants puissants étaient sortis des gorges de

la Viamala : ils y auraient ouvert de larges canaux
d'écoulement et les cours d'eau actuels seraient aujourd'hui
encaissés dans des lits de dimensions
plus restreintes et bordés de terrasses marquant
les limites de l'action de ces courants *diluviens*.

Fig. 1.   Positions relatives du comblement inférieur *A* et
des moraines latérales *BB* sur les points où l'ancien
glacier occupait toute la largeur de la vallée.

Fig. 2.   Relation de ces mêmes dépôts quand le glacier
ne recouvrait plus entièrement la moraine profonde.

Dans ce cas, les moraines latérales *BB* constituent
ce qu'on a considéré comme des terrasses
parallèles, restes d'*alluvions*, plus considérables et
dans la masse desquelles des canaux d'écoulement
à *fonds plats* auraient été creusés après l'achèvement
du comblement général des bassins au moment
où la force et le volume des courants diluviens
ont commencé à diminuer graduellement.

Planche 33.

Fig. 1.   Nappe profonde régulière à la sortie de la Viamala,
recouverte par un cône de déjection d'un
vallon latéral à Tusis.

Dispositions différant entre elles comme les causes
qui les ont produites.

Fig. 2.   Moraine frontale dans un élargissement de la
Viamala à Rongella, à droite et à gauche de la coupure
profonde au fond de laquelle coule le Rhin
dont les eaux (après la retraite du glacier du
moins), n'ont jamais atteint ces dépôts erratiques
qu'elles auraient démolis et entraînés.

Fig. 3.   Moraines profondes, moraines latérales et frontales :
cône de déjection de Pigneu, au bassin
d'Ander (Viamala). (Formations erratiques et
dépôts dus à l'action des eaux toujours parfaitement
distinctes.)

Fig. 4.   Dærenburg, à l'amont d'Ander : Moraine profonde
offrant des terrasses indiquant les anciennes limites
du Rhin.

tion formé des matériaux erratiques entraînés par les
eaux du torrent sortant de la voûte du glacier.

Fig. 3.   Le lac et le village de Lungern.

AA. Moraine profonde.

BB. Cônes ou moraines latérales, attaquées et
remaniées par les eaux.

C. Cône de déjection ancien du Wylerhorn, ancien
delta du lac.

D. Cône de déjection actuel à l'issue de la coupure
ouverte par un torrent dans l'ancien cône C.

Planche 36.

Fig. 1.   Coupe entre le Brunig et Lucerne, indiquant la
moraine profonde par étages successifs jusqu'au
pied du massif du Pilate, dans le val de Stans, et
aux environs de Lucerne. Les cônes de déjection
de Lungern et des vallées latérales.

Fig. 2.   La figure 2 donne les détails des relations de ces
dépôts à l'amont du lac de Sarnen.

Fig. 3.   La figure 3 offre la coupe en long du terrain
représenté (figure 2).

Planche 37.

Fig. 1.   Vue du cirque situé entre Saint-Bernardin et
Saint-Giacomo, et de sa moraine profonde recouverte
latéralement en partie par les cônes de déjection
de deux torrents.

Fig. 2.   Aspect que devrait présenter dans le cirque un
comblement exécuté par les eaux, avec ses cavités
et ses bourrelets circulaires.

Fig. 3.   Plan d'une partie du cours du Rhin dans les
environs de Coire, coulant sur la moraine profonde
qu'il corrode et dont il déplace et remanie les
matériaux.

Fig. 4.   Coupe transversale suivant la ligne AB de ce
plan.

CC. Nappe ou moraine profonde dans laquelle le
lit du fleuve est creusé.

DD. Ilôts ou bancs de sable et de graviers formés et
continuellement remaniés et déplacés par les eaux.

A gauche, la route est établie sur la moraine latérale de la rive droite de la vallée.

Fig. 5.	Coupe du mamelon de Dierenburg, dont les rochers offrent à l'amont des surfaces polies et striées, et des blocs erratiques : à l'aval, coupe de la moraine profonde AB et de la section de l'ancien lit du Rhin DE, réduit aujourd'hui à la coupure DC.

Planche 34.

Fig. 1.	Moraine latérale gauche du glacier du Rhin à Invers (amont du défilé de la Rofla); de chaque côté de la gorge, à l'amont du village, on voit les moraines latérales d'un ancien glacier sortant autrefois de cette gorge après la retraite du glacier principal.

Cette disposition se retrouve sous le glacier en activité de la vallée de Bedretto, rive droite à l'amont de Ronco.

Fig. 2.	Village d'Hinterrhein. Au fond, moraine frontale : à gauche, la moraine latérale conservée et recouverte de cônes de déjection, formés de débris remaniés des dépôts erratiques du flanc supérieur de la vallée. A droite, divers cônes s'étalent sur la moraine profonde.

La moraine latérale droite est démantelée, et ne se retrouve qu'en lambeaux sur quelques-uns des repos du terrain fort accidenté de ce côté.

Planche 35.

Fig. 1.	Cône d'éboulement erratique formé de matériaux glaciaires près du pont inférieur d'Hinterrhein, offrant une coupure pratiquée suivant la ligne médiane par un petit cours d'eau périodique : celui-ci, formé à son arrivée sur la moraine profonde où son cours se ralentit, abandonne les matériaux qu'il enlève au premier, et en forme un petit cône de déjection.

Fig. 2.	Fin de la nappe profonde, ancienne, visible du Rhin, à quelque distance en avant du glacier de Rheinwald : elle se recouvre d'un cône de déjec-

Fig. 5.	Même coupe sur laquelle on a indiqué en XX des couches limoneuses déposées par les eaux.

Fig. 6.	Coupe imaginaire du même terrain offrant des terrasses parallèles marquant les retraites successives des eaux, conformément à la théorie diluvienne et d'après plusieurs auteurs, mais qu'on ne remarque dans aucune des vallées connues jusqu'ici.

Planche 38.

Fig. 1.	Coupe du terrain erratique de Tamins.

Moraine profonde dans laquelle est ouvert le lit du Rhin, vers le côté gauche de la vallée, et moraine latérale à la surface de laquelle sont disséminés des blocs erratiques.

Fig. 2.	La vallée du Rhin à Ems (amont du Coire). Rochers coniques faisant saillie au-dessus de la surface parfaitement nivelée de la moraine profonde.

Ces rochers, du côté d'amont, sont recouverts de revêtements de sables, de galets et de blocs erratiques.

Fig. 3.	Ces revêtements sont disposés, comme l'indique la coupe figure 3, de l'une de ces buttes coniques de rochers (par suite d'une erreur du graveur, le côté d'amont paraît moins élevé que le côté d'aval; on a figuré la pente en sens contraire : elle devrait descendre de gauche à droite de la coupe).

Fig. 4.	Moraine profonde AA, près du village de Feldberg, bâti sur un cône de déjection B d'un torrent; CC, cônes graveleux, restes d'une ancienne moraine frontale.

Fig. 5.	CC. Cônes graveleux du Coire, semblables à ceux de Feldberg et de Bonaduz. AA, moraine profonde; B, moraine latérale, rive droite de la vallée; D, cône de déjection ancien, formé des débris remaniés de cette moraine latérale.

Fig. 6.	Cône ou portion séparée de la moraine frontale du glacier du Rhône par les eaux de ce glacier; sa forme et ses dispositions expliquent le mode de formation de ces cônes de la vallée du Rhin, dont

il peut être question, et de ceux que l'on remarque en diverses contrées et notamment dans les

Planche 39.   CARTE DES MASSIFS DU FINSTERAARHORN.

Cette carte, à l'échelle de 1 à 50,000, tracée d'après
les cartes de l'État-Major suisse, sous la direction
du général Dufour, indique tout particulièrement
les cirques d'où sortent les principaux glaciers
de l'Oberland Bernois et du Haut-Valais, et ces
derniers tout particulièrement, savoir:

Le grand glacier d'Aletsch, l'un des plus puissants
de la Suisse, alimenté par les glaces amoncelées
dans un immense cirque bordé par l'Aletschhorn,
le Mittagshorn, l'Ebenefluh, le Mœnch, et les
Vieschærner.

Ce cirque se subdivise en plusieurs cirques secondaires par les arêtes partant de l'Ebenefluh, de
la Jungfrau, du Mœnch, et la série des crêtes partant des Viescherhœrner.

Le glacier de Viesch, sortant du cirque compris
entre les Viescherhœrner et le massif du Finsteraar ;
enfin les glaciers de l'Ober- et du Finsteraar, sortant
des deux cirques de la Strahleck et du Lauteraar,
compris entre le Finsteraarhorn et les cimes des
Wetterhœrner et du Berglistock, et qui est di-
visé en trois sections principales par les massifs du
Mittelgrat et du Schreckhorn.

Cette portion de carte de l'Oberland indique les
glaciers secondaires, rameaux des glaciers principaux et qui viennent leur fournir un important
tribut d'alimentation, et quelques-uns des petits glaciers de second ordre, aux cours plus ou moins res-
treints.

Parmi ces derniers, on peut voir et noter ceux du
Roththal, du Silberhorn, du Blumlisalp, du Gœggi et
de l'Eiger, sur le revers Nord-Ouest de la Jungfrau.

En 1849, il était visiblement en voie de progrès, et
il s'avançait sur le plateau et sur les flancs de l'îlot en
renversant les sapins dont on voyait les débris broyés
et mélangés aux blocs et aux matériaux de la moraine frontale actuelle.

Fig. 4.   Le glacier d'Aletsch, et sa pente terminale, rive
gauche.

En 1849, ce glacier était en voie rapide de progrès dans la partie supérieure; il avait fermé
l'accès des châlets d'Aletsch, habités il y a peu
d'années encore.

Il s'avançait dans la forêt, recouvrant le terrain
près de sa pente terminale, en renversant des sapins séculaires; notre croquis représente sur la
rive gauche l'ancien chemin de la haute vallée
fermé et complétement détruit à partir de ce point.

Epinal, le 31 Janvier 1872.

H. HOGARD.

Celui du Trift, suspendu au-dessus du glacier de
Viesch, rive droite, et de l'Herbergagral, sur la rive
gauche du glacier d'Aletsch.

Planche 40.

Fig. 1.　Portion de la moraine latérale droite du glacier
de la Breuva au pied oriental du Mont-Blanc.

Cette moraine barre presque complétement l'allée
blanche à l'aval du Frêne.

A une époque déjà ancienne, à en juger par l'âge
des sapins recouvrant partiellement ses flancs et la
crête, le glacier avait subi une ablation considérable et sa puissance devait être sensiblement réduite.

Mais il s'était relevé de nouveau graduellement,
et à l'époque ou notre croquis a été pris, il dépassait
la crête de la moraine (1849).

Les blocs et les divers débris rejetés sur elle
culbutaient les arbres dont on voyait un certain
nombre entièrement ou partiellement renversés.

Fig. 2.　La figure 2 est la portion extrême de cette moraine latérale au point où le glacier venait toucher
la rive droite de la vallée, où le croquis indique à
partir de ce point, en deux bourrelets, la suite de la
moraine latérale divisée parallèlement à la direction
de la vallée : une ancienne déjection couverte de
vieux sapins près du chemin à droite.

A gauche de celle-ci, une déjection plus récente
couverte d'arbres plus jeunes.

Et enfin, au pied de l'escarpement de la glace
qui revient latéralement vers ses anciennes moraines, les blocs rejetés alors et qui marquaient ce
retour et menaçaient de renverser et de détruire
les arbres qui avaient poussé pendant une période
de décroissement.

Fig. 3.　Portion du glacier de Viesch, près de la pente
terminale.

Ce glacier se divise en deux branches séparées par
un îlot de rochers couvert de végétation, d'arbres,
de pâturages et d'habitations éparses.

DEUXIÈME PARTIE.

Notice sur les stations météorologiques du glacier de l'Aar
et du col du Saint-Théodule.

Planches 21 et 22.   HOTEL DES NEUCHATELOIS ET PAVILLON DE L'AAR.

En 1837, M. Agassiz, dans son discours d'ouverture de la Société helvétique des sciences naturelles, développe une nouvelle théorie des glaciers. Il est décidé qu'on ira étudier leur marche, et le départ est fixé à la fin du mois d'Août 1838. Il s'agit de vérifier si les blocs erratiques, les roches polies, les moraines trouvées dans le Jura, sont dus à d'anciens glaciers.

Il fut décidé qu'on se rendrait au Grimsel, en observant les moraines et les blocs erratiques de la vallée de l'Aar.

En 1839, M. Agassiz et ses compagnons se rendent encore au Grimsel; ils y trouvent, comme l'année précédente, le père Zybach disposé à faciliter les travaux. Ils vont visiter la cabane de Hugi, construite en 1827, sur la moraine du glacier de l'Aar.

En 1840, MM. Agassiz, Desor, Vogt, H. Coulon, F. de Pourtalès et Nicolet partent avec le guide

5

M. Agassiz se rendit encore une fois, en Août 1841, au glacier de l'Aar et y fit un séjour d'un mois.

«En 1842, dit M. Desor, nous nous décidâmes à construire notre demeure non plus sur le glacier dont nous n'avions que trop appris à connaître l'instabilité pendant les séjours précédents, mais sur le rocher. Ayant trouvé un emplacement très-convenable au pied du Rothhorn, sur un contrefort avancé de la rive gauche, nous commençâmes la construction de notre cabane le jour même de notre arrivée. Tout le monde y travailla avec ardeur, et dans la prévision qu'elle pourrait servir par la suite, nous cherchâmes à la rendre aussi solide que possible. Nous appelâmes notre nouvelle construction le *Pavillon*.»

En 1843, M. Dollfus-Ausset fait élever sur le même emplacement une construction composée de deux pièces, l'une sert de chambre à coucher et l'autre d'observatoire et de salle à manger. Deux petites constructions placées, à droite et à gauche, servent, l'une de cuisine, l'autre de cave. Les guides sont établis sous le toit.

Planches 23 et 24.

Le *col du Saint-Théodule*, qui fait communiquer la vallée de Zermatt avec celle de Valtournanche, se trouve sur la limite du Valais et du Piémont, à 3350 mètres au-dessus du niveau de la mer; c'est donc le passage le plus élevé dans les Alpes. On y voit encore sur la crête quelques restes de fortifications établies par les Piémontais pour se garantir contre les incursions des Valaisans; à peu de distance plus bas, sur le versant italien, se trouvent les ruines de deux autres fortins. En 1792, Saussure établit sur le col, au moyen de pierres sèches, un refuge et y resta trois jours.

La cantine qu'on y voit actuellement, construite en pierres et couverte en dalles, date de 1852. Elle

J. Leuthold, pour étudier les glaciers proprement dits. Ils trouvent au mois d'Août la cabane de Hugi détruite, et le bloc de granit contre lequel elle était appuyée avait avancé de 200 pieds depuis l'année précédente. Ils cherchent un autre bloc, mais ne pouvant achever un abri pour la nuit, ils retournent au Grimsel. Quelques jours plus tard, ils se rendent de nouveau à l'endroit désigné pour la construction de la cabane ; c'était sur la moraine médiane un peu au-dessous de la jonction des deux glaciers. J. Wæhren, maçon et architecte, dirige le travail.

On égalise le fond et on dispose quelques grandes dalles pour remplacer le plancher ; on élève ensuite un mur sec qui va rejoindre la face inférieure de l'angle saillant du bloc choisi. L'intérieur est garni d'une forte couche d'herbe, que deux guides avaient été recueillir sur la rive gauche du glacier. Sur cette herbe on étend une toile cirée pour préserver de l'humidité. Les couvertures sont garnies de la même herbe qui servira de matelas et le tout est revêtu d'un drap de lit très-propre qui donne à l'ensemble un air de coquetterie rustique. Il y a place pour six personnes dans ce dortoir. Une couverture accrochée à un bâton posé transversalement au-dessus de l'entrée sert de porte et de rideau. Devant le dortoir es. établi la cuisine et la salle à manger, abritées également par la saillie du bloc, et à côté, sous un autre grand bloc, on dépose les provisions.

«Nous nous couchâmes avant la nuit, dit M. Desor, car nous étions impatients d'essayer notre gîte. Tout nous semblait arrangé pour le mieux. Comme nous allons bien dormir dans cette petite et pittoresque habitation ! Nous décidâmes, pendant la nuit, que notre cabane porterait le nom d'*Hôtel des Neuchâtelois*, et que, pour perpétuer le souvenir de notre séjour en ce lieu, ce nom serait gravé en gros caractères sur la face septentrionale du bloc.»

est desservie par un habitant de Valtournanche qui débite du vin, de l'eau-de-vie, du pain, des œufs, du fromage et du beurre. Les murs de ce réduit ont près d'un mètre d'épaisseur, la longueur intérieure est de sept mètres, la largeur de quatre mètres.

En 1858, on a construit un châlet en bois, à cinq mètres de distance au Sud de la cantine ; le même hiver la couverture a été enlevée par le vent, et ce n'est qu'en 1864 que le toit a été réparé. Les cloisons, la toiture et le plancher sont en bois de mélèze ; la porte d'entrée, haute de $1^m,5$, est au Nord, en face de la porte de la cantine ; au Sud, on a pratiqué trois petites fenêtres, hautes de six décimètres et larges de cinq décimètres, et qui se ferment en dehors par des volets en bois. La longueur intérieure est de $4^m,5$, la largeur de $3^m,5$, et la hauteur de 2 mètres. L'ameublement consiste en deux lits, une table et deux bancs.

C'est dans cette boîte, qui reçut le nom d'Arche de Noé, que M. Dollfus séjourna avec deux amis, la première fois du 21 Août au 4 Septembre 1864, et la deuxième fois du 2 au 14 Août 1865. Dès son arrivée, M. Dollfus y fit placer un poêle en fonte dont il avait fait l'acquisition à Zermatt, et qui certes n'était pas le meuble le moins utile. À sa dernière visite, il fit aussi entourer le châlet d'un mur en pierres sèches d'un mètre d'épaisseur, fit mettre double-porte et doubles-fenêtres et consolider le toit. C'est là que séjournèrent les deux guides de Meiringen qui, avec le cantinier, étaient chargés de faire les observations météorologiques du 14 Août 1865 au 31 Août 1865.

Les alentours de la station sont couverts de glaces et de neige, sauf quelques places rares d'où la neige est continuellement chassée par le vent. À l'Ouest, s'élève la formidable pyramide du Mont-Cervin, puis viennent la Dent d'Hérens et, plus vers le Sud, la Grivola et le Grand Paradis. Au Sud-Est se trouvent le Petit Cervin et le large Breithorn, unis au col

par un glacier non interrompu; à l'Est, on aperçoit la chaîne de Jazzi, le Weissthor, le Riffelhorn, le Gordergrat; au Nord du châlet, une crête de rochers s'étend vers le Théodulhorn et est à découvert sur une longueur d'un kilomètre et de dix à cent mètres de largeur entre les deux glaciers du Théodule, dont le plus grand s'étend en pente douce vers la vallée de Zermatt, et le plus petit descend rapidement vers la vallée profonde de Valtournanche. Plus loin, vers le Nord, on aperçoit les pics des Mischabel et le Weisshorn, et au-dessus de ces sommets, dans le lointain, quelques géants des Alpes bernoises.

ERRATA DES PLANCHES.

PLANCHE 1, fig. 4.   *Au lieu de* Chapoux, *lisez* Chajou.

Idem   *Au lieu de* à l'aval, *lisez* à l'amont.

PLANCHE 2, fig. 6.   *Au lieu de* au col, *lisez* sous le col.

PLANCHE 3, fig. 5.   *Ajoutez le titre:* Coupe entre les vallées de Rochesson et de Sapois.

PLANCHE 7, fig. 1.   *Au lieu de* les accidents représentés Planche 4, *lisez* Planche 6.

Idem   fig. 2.   Titre de la figure, *lisez* Vallón de la Vraine.

Idem   fig. 3.   *Au lieu de* la Vraine, *lisez* de l'Anger.

PLANCHE 8.   Au bas de la planche, *au lieu de* coupe du disque N° 10, *lisez* N° 2.

PLANCHE 10.   *Au lieu de* galets glaciaires des Vosges, *lisez* de la Suisse et des Vosges.

PLANCHE 12, fig. 1.   *Au lieu de* Rœdrichsboden, *lisez* Ruederichsboden.

PLANCHE 18, fig. 1.   *Au lieu de* à Remiremont, *lisez* de Remiremont.

PLANCHE 19, fig. 4.   *Effacez* plan et.

PLANCHE 34.   *Au lieu de* divers cônes s'étayent, *lisez* s'étalent.

Strasbourg, Impr. E. Huder et E. Huder, succ. de M. E. Simon.

Fig. 1

Fig. 2

Fig. 3

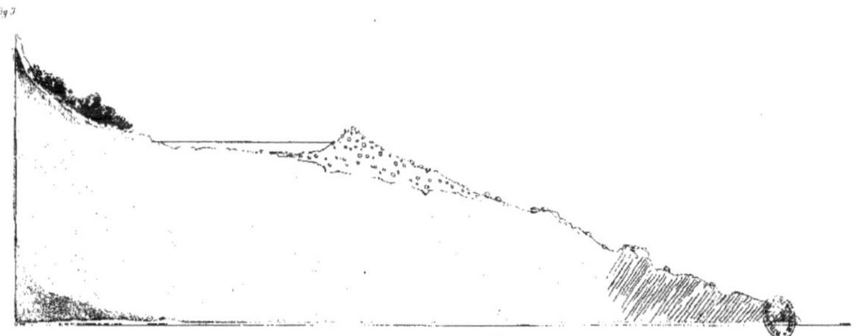

Fig. 4

MATÉRIAUX POUR L'ÉTUDE DES GLACIERS.
H. Hogard.

LAC DES CORBEAUX A LA BRESSE. (Vosges.)

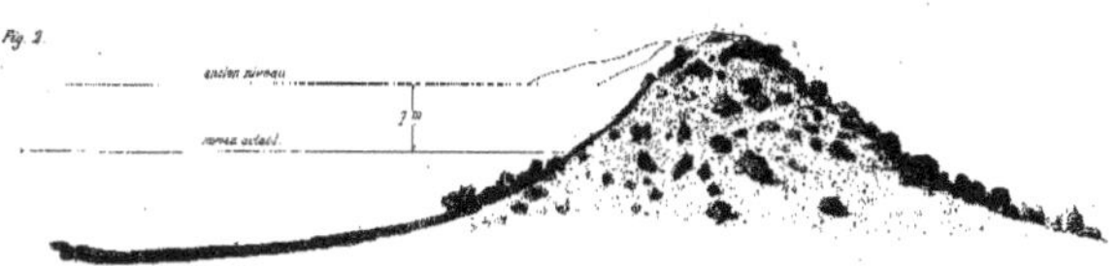

VUE ET COUPE DE LA MORAINE ET DU LAC DES CORBEAUX A LA BRESSE. (Vosges.)

MORAINE ET LAC DE BLANCHEMER AU PIED DU ROTABAC. (Vosges.)

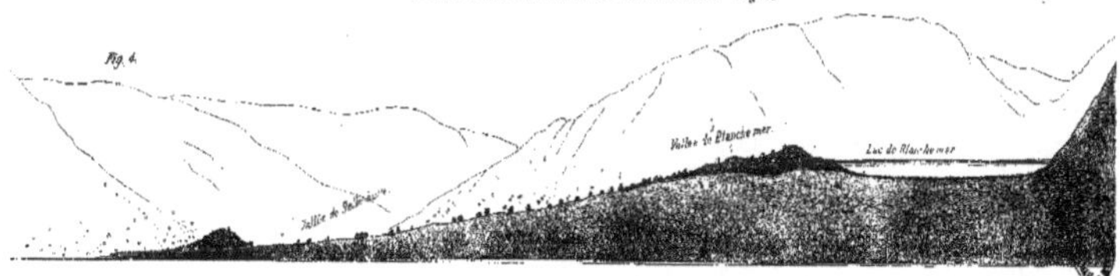

COUPE ENTRE BLANCHEMER ET LA PREMIÈRE MORAINE FRONTALE DE BELLE-HUTTE. (Vosges.)

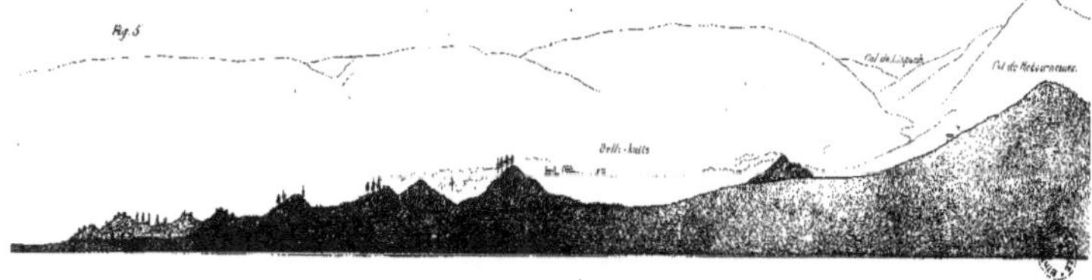

MORAINE DE LA VALLÉE DE BELLE-HUTTE, COUPE EN LONG. (Vosges.)

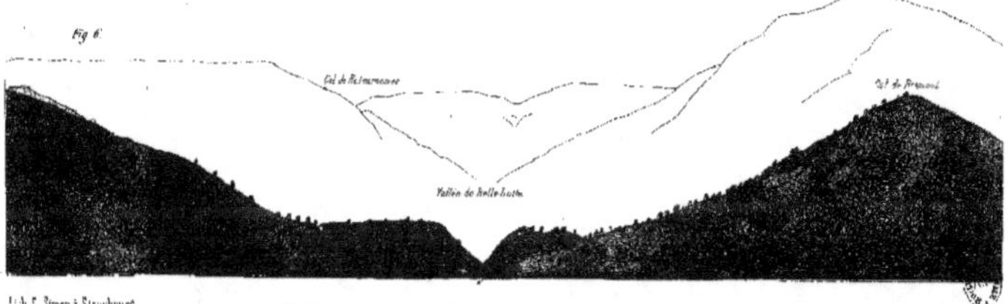

COUPE TRANSVERSALE DE LA PREMIÈRE MORAINE DE BELLE-HUTTE AU COL DE BRAMONT. (Vosges.)

MATÉRIAUX POUR L'ÉTUDE DES GLACIERS
Dessins de H. Hogard.

MORAINE DE WILDENSTEIN (Vue d'Amont)

MORAINE D'ODEREN (Vue d'Amont)

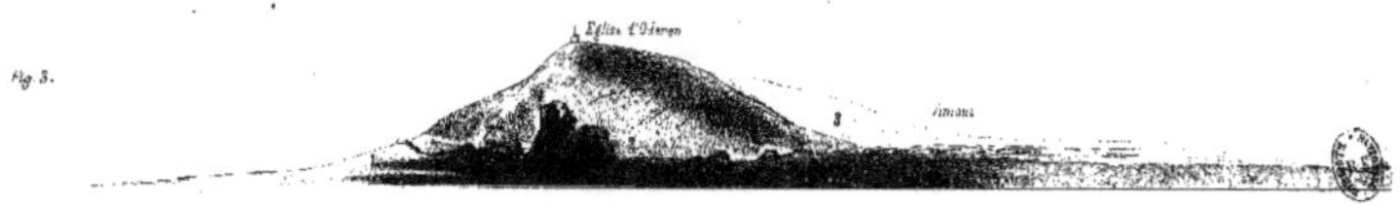

1 PHORPHIRE POLI ET STRIÉ. 2 SCHISTES DE LA GRAUWACKE POLIS ET STRIÉS. 3 MORAINE.

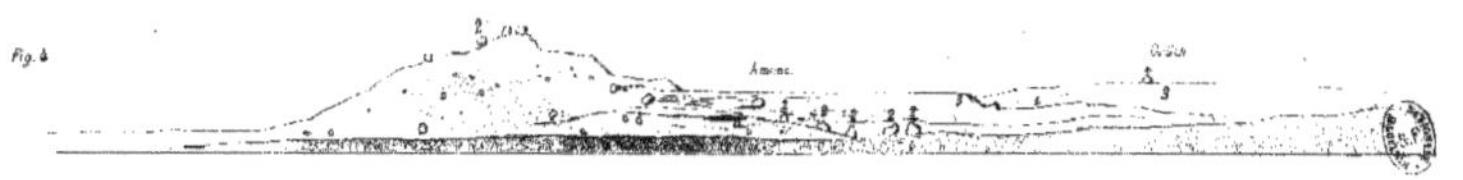

MORAINE DE GRÜTH.

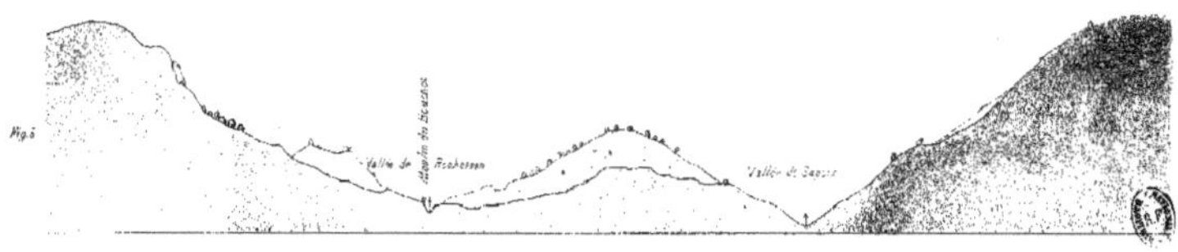

COUPE ET VUE DE LA MORAINE D'ARSCHWUNG DE ROCHESSON.

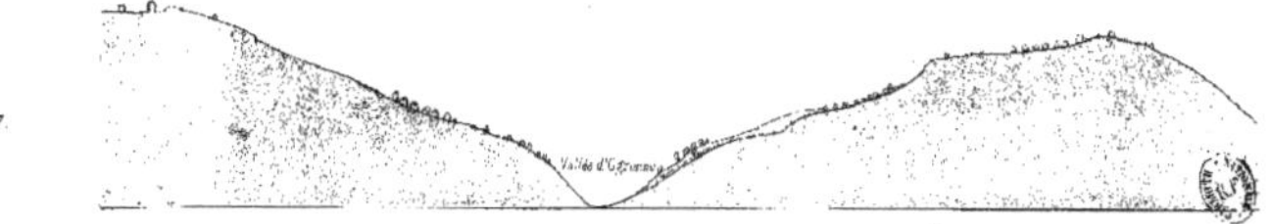

TERRAIN ERRATIQUE DE LA VALLÉE DE COGRONNE.

MATÉRIAUX POUR L'ÉTUDE DES GLACIERS

Dessins de H. Hogard.

Fig. 1.

BLOC DE SOMMET DE LA CHARME AU BOIS MOUTON (Vosges.)

Fig. 2.

PIERRE KERLINKIN (Vosges.)

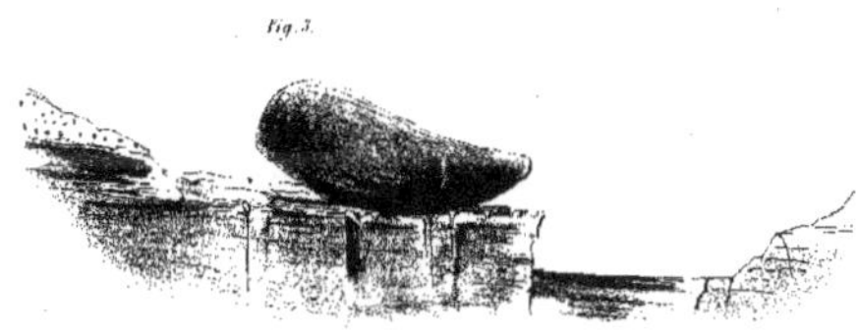

Fig. 3.

BLOC GRANITIQUE SUR LE GRÈS DES VOSGES AU RAFF-DU-BROC (Vosges).

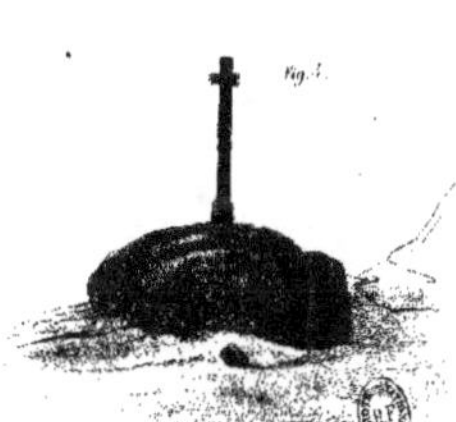

Fig. 4.

BLOC GRANITIQUE TROUVÉ DANS LE VILLAGE DE JARMÉNIL
SUR LE GRÈS DES VOSGES.

Fig. 5.

BLOCS DE LA VALLÉE D'OGRONNE.

Fig. 6.

CHAMPS DE BLOCS ERRATIQUES PRÈS GIROMAGNY (Vosges.)

MATÉRIAUX POUR L'ÉTUDE DES GLACIERS
Dessins de B. Hogard.

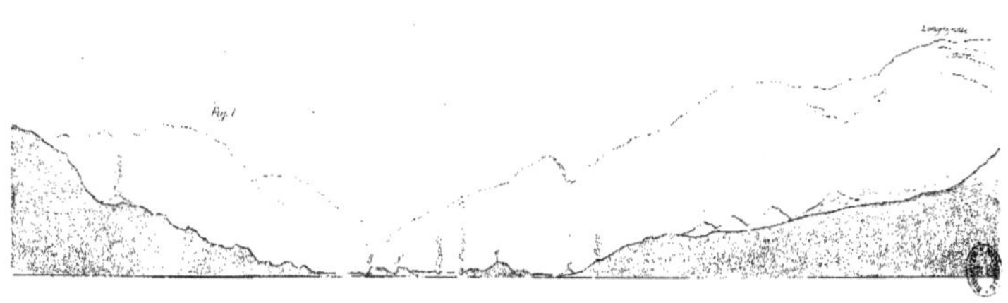

COUPE DU TERRAIN ERRATIQUE DE RUPT. (Vosges.)

VUE DES ROCHERS POLIS ET STRIÉS RELEVÉS AU-DESSUS DE LA MORAINE PROFONDE DE RUPT. (Vosges.) c. f. g.

Fig. 5.

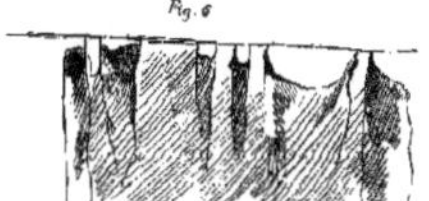

Fig. 4.

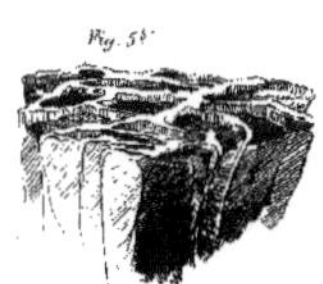

Fig. 5. PLAN D'UN DE CES ROCHERS, xx, (DE FE K. 4, 5ᵃ et 5ᵇ.
ASPECT DE LA SURFACE DU ROCHER (GRANITE) TRAVERSÉ
PAR UN GRAND NOMBRE DE FILETS DE QUARTZ
EN RELIEF SUR LA ROCHE DÉCOMPOSÉE.

Fig. 5ᵃ

Fig. 7.

LES FACES DES FILETS DE QUARTZ SE COORDONNENT AU
PLAN DE LA SURFACE FROTTÉE DU ROCHER (Vosges.)

LE QUARTZ OFFRE DES SURFACES POLIES ET STRIÉES. (Vosges.)

Fig. 6.

ROCHERS POLIS ET STRIÉS, AVEC KARRENFELDER DU GLATTSTEIN (WESSERLING.) (Vosges.)

MATÉRIAUX POUR L'ÉTUDE DES GLACIERS
l'œuvre de H. Hogard.

ACTION DES EAUX DE LA MOSELLE SUR LA NAPPE PROFONDE, CALMES ET RAPIDES
INDIQUÉS EN PARTIE DANS LE PLAN *Fig. 2.*

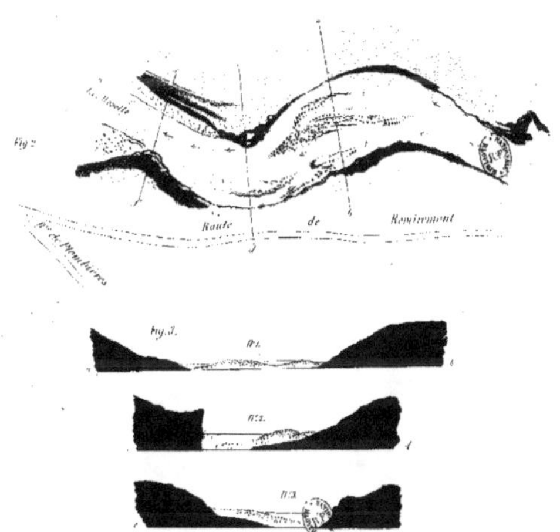

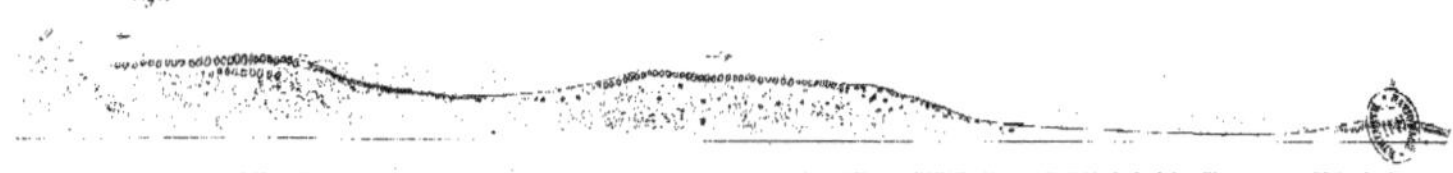

PROFILS EN TRAVERS *n° 1, 2, 3* INDIQUANT LES IRRÉGULARITÉS ET LES BOURRELETS DU LIT DU COURS D'EAU
DANS LESQUELS ON CHERCHERAIT INUTILEMENT DES CANAUX A SECTIONS ÉTAGÉES.

COUPE LONGITUDINALE DES RENFLEMENTS ET DES DÉPRESSIONS DE LA PARTIE DE LA NAPPE PROFONDE SUR LAQUELLE LES EAUX EXERCENT LEUR ACTION.

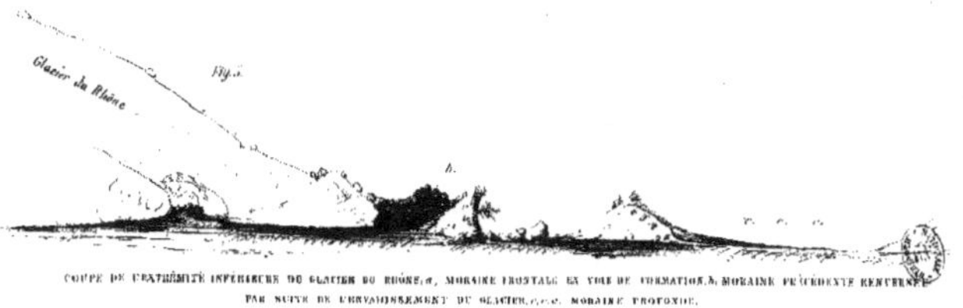

COUPE DE L'EXTRÉMITÉ INFÉRIEURE DU GLACIER DU RHÔNE, *a*, MORAINE FRONTALE EN VOIE DE FORMATION, *b*, MORAINE PRÉCÉDENTE RENVERSÉE
PAR SUITE DE L'ENVAHISSEMENT DU GLACIER, *c. c. c.* MORAINE PROFONDE.

MATÉRIAUX POUR L'ÉTUDE DES GLACIERS
Dessin de H. Hogard

Fig. 1.

NAPPE PROFONDE DU BASSIN DE LA MOSELLE AU DESSOUS D'ÉPINAL, DANS LA PLAINE DE CHAVELOT, LES PARTIES LATÉRALES SITUÉES HORS DES ATTEINTES DES EAUX ONT CONSERVÉ LEUR NIVELLEMENT TRANSVERSAL ET LONGITUDINAL, TANDIS QUE DANS LES LIMITES VARIABLES DU LIT DE LA RIVIÈRE, ON RETROUVE LES ACCIDENTS REPRÉSENTÉS PL. 1re.

Fig. 2.

MAMELONS ET LAMBEAUX DES ROCHERS GRANITIQUES SITUÉS DANS LE LIT DE LA MOSELOTTE, AUX GRAVIERS, COMMUNE DE SAULXURES.

Fig. 3.

COMBLEMENT DE LA VALLÉE DE LA VRAINE.

MATÉRIAUX POUR L'ÉTUDE DES GLACIERS.
Dessins de H. Hogard.

GALETS RAYÉS DES VOSGES PROVENANT DES MORAINES FRONTALES ET DE DIVERSES PARTIES DU LIT MÊME DE LA MOSELLE.

N°s 1 à 5, N° 6 DIVERS GALETS DU GRÈS DES VOSGES; GALETS ÉVIDEMMENT ERRATIQUES

6. COUPE DU DISQUE, N° 6.

MATÉRIAUX POUR L'ÉTUDE DES GLACIERS
de H. Hogard.

Galets du Magnéfienne Vallée du Rhin.

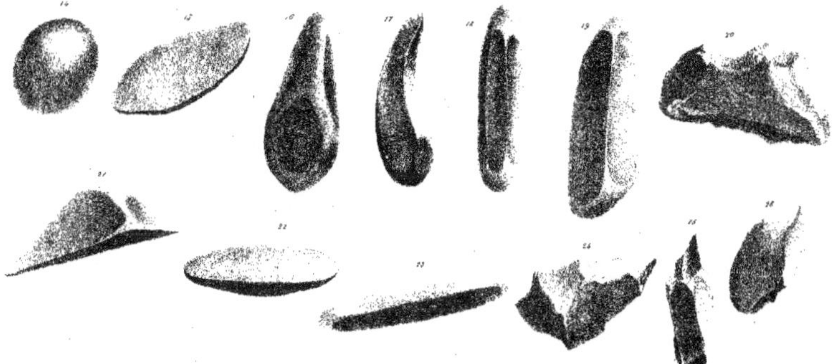

Galets des lacunes de la Vallée du Rhin.

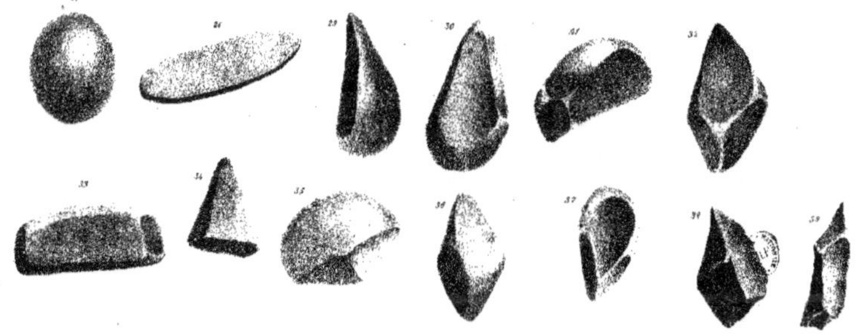

Galets glaciaires ou Diluviens de la Suisse.

MATÉRIAUX POUR L'ÉTUDE DES GLACIERS.
H. Hogard.

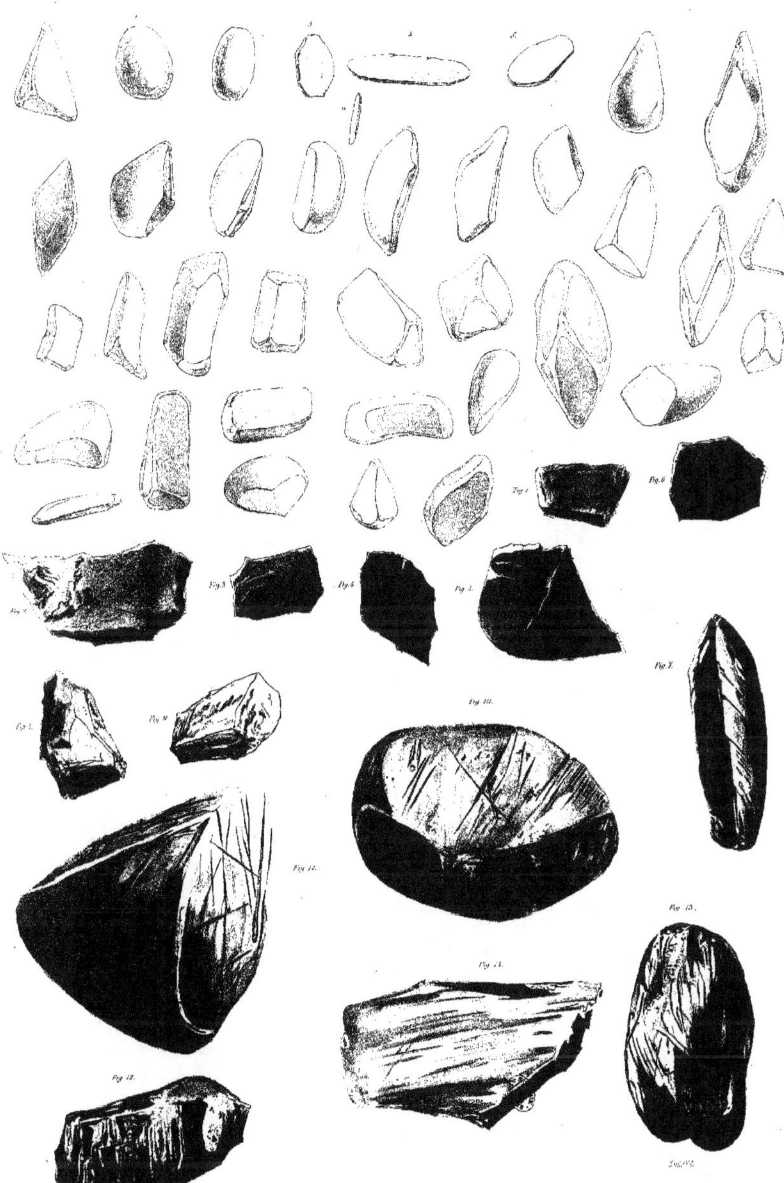

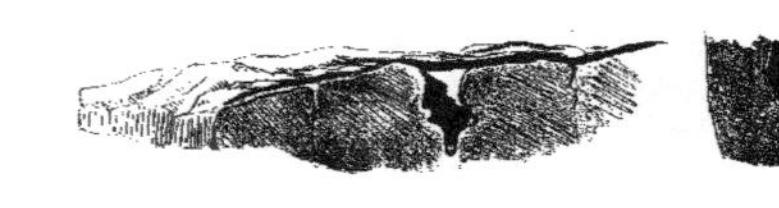
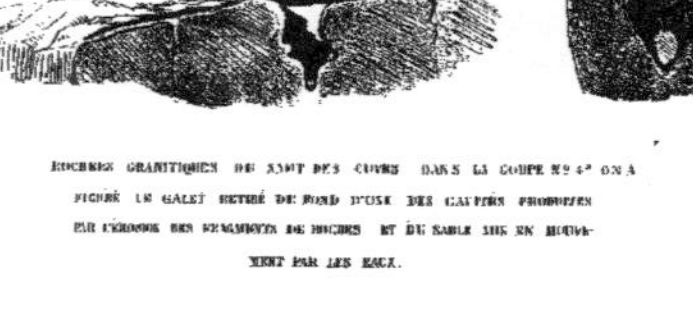

Fig. 1. Fig. 2. Fig. 2ª Fig. 4. Fig. 4ª

COUPE DES ROCHERS DE GRÈS DES VOSGES, DU SAUT DU BROC, AVEC LES KARRENFELDER ENTRECROISÉS ET LES CAVITÉS DONT LES DÉTAILS SONT DONNÉS fig: 2, 2ª 3 et 3ª

ROCHERS GRANITIQUES DU SAUT DES CUVES DANS LA COUPE Nº 4ª ON A FIGURÉ LE GALET RETIRÉ DU FOND D'UNE DES CAVITÉS PRODUITES PAR L'ÉROSION DES FRAGMENTS DE ROCHES ET DU SABLE MIS EN MOUVEMENT PAR LES EAUX.

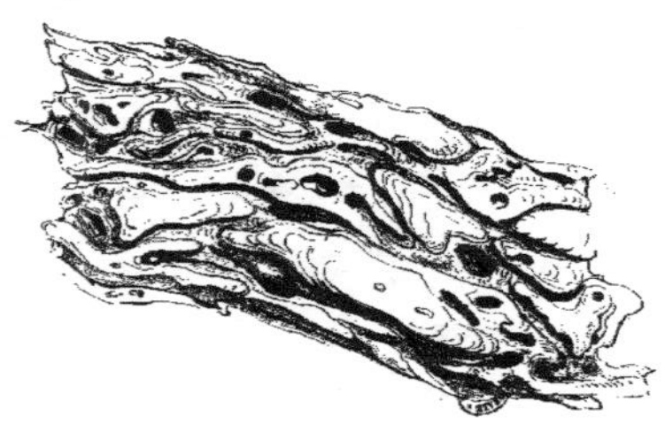

Fig. 3.

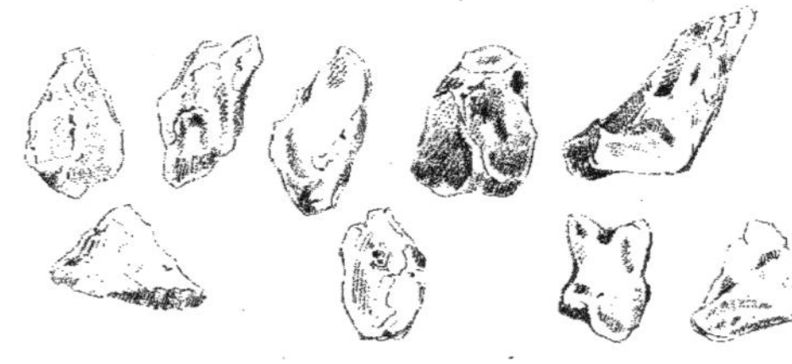

Fig. 3ª

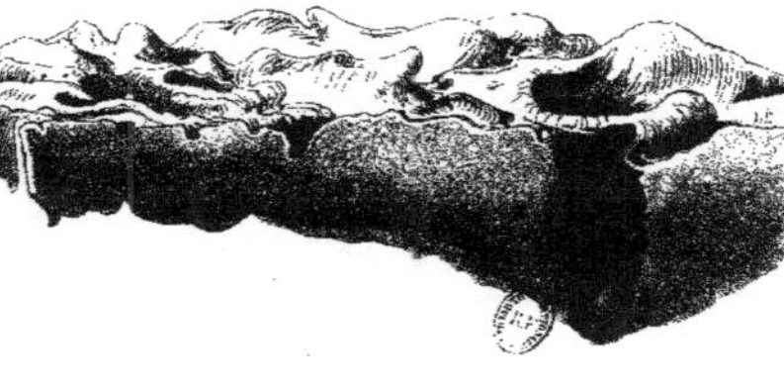

Fig. 5.

MARMITES DE GÉANTS (JÆTTEGRYDER, KJELDER) ET KARRENFELDER (LAPIES) DES ROCHERS GRANITIQUES SITUÉS DANS LE LIT DE LA MOSELOTTE, AUX GRAVIERS, COMMUNE DE SAPILCHES (Vosges).

Fig. 6.

GALETS ROULÉS DE LA MEUSE ET DE MOUZON (Vosges).

Lith. à Emile, Strasbourg.

MATÉRIAUX POUR L'ÉTUDE DES GLACIERS
Dessins de H. Hogard.

Fig. 2.

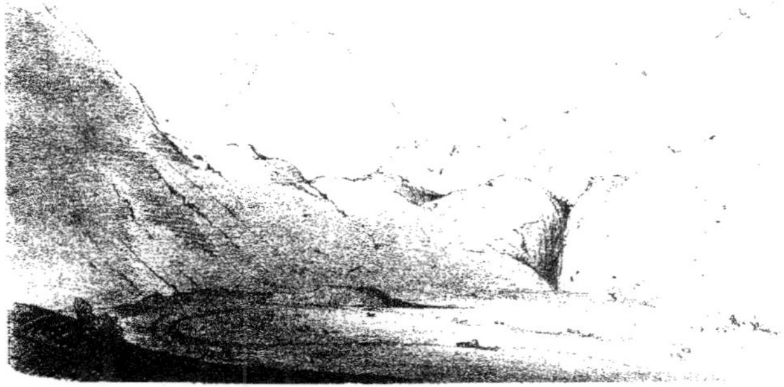

Moraine profonde d'Om grund.

Fig. 1.

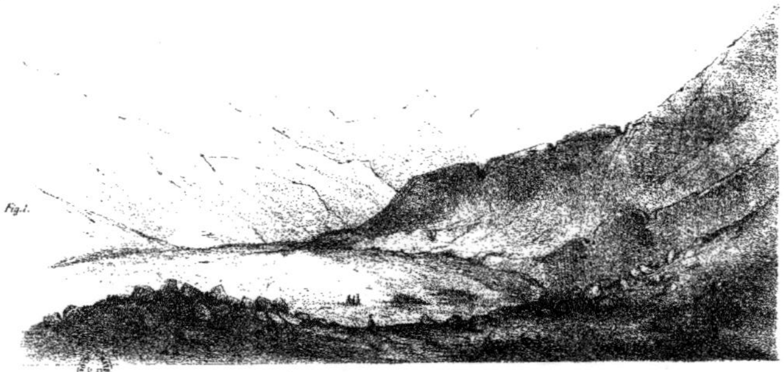

Moraine profonde de Boedemer boden.

Fig. 4.

Plan

Fig. 5.

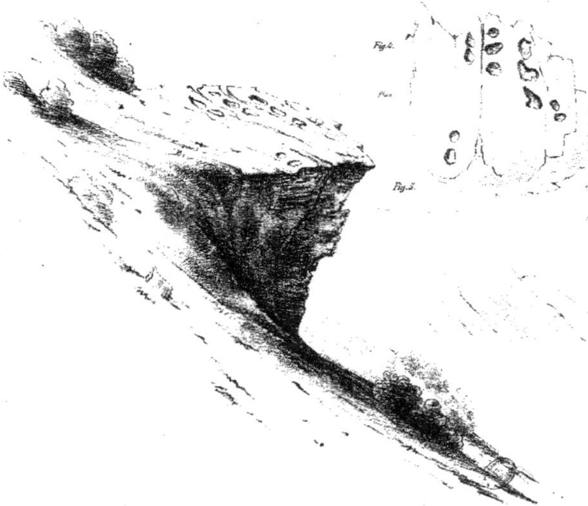

Fig. 3.

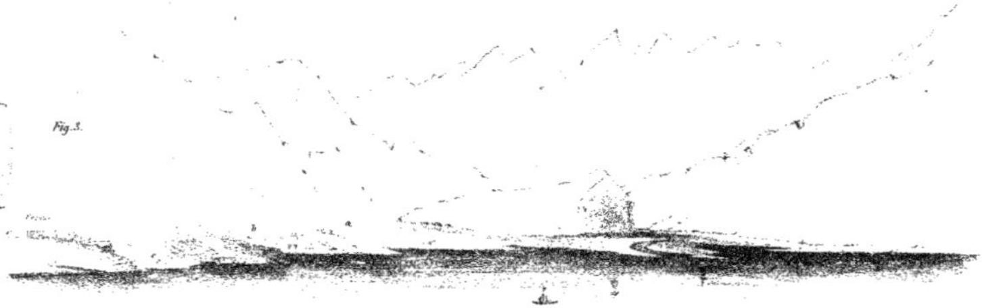

Amont du Lac de Brienz.

Fig. 6.

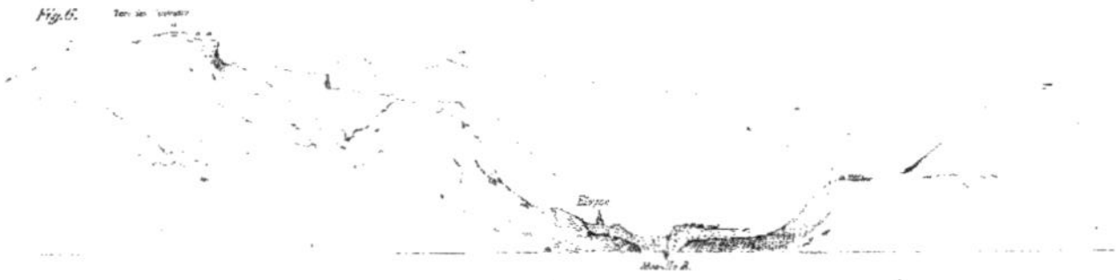

Lith. de F. Simon à Strasbourg.

Fig. 4. 5. 6. Plan coupe et vue des mamelons de la tête des Creveaux d'Eloyes.

MATÉRIAUX POUR L'ÉTUDE DES GLACIERS

Dessiné par H. Hogard.

MATÉRIAUX POUR L'ÉTUDE DES GLACIERS
Dessiné de H. Hogard.

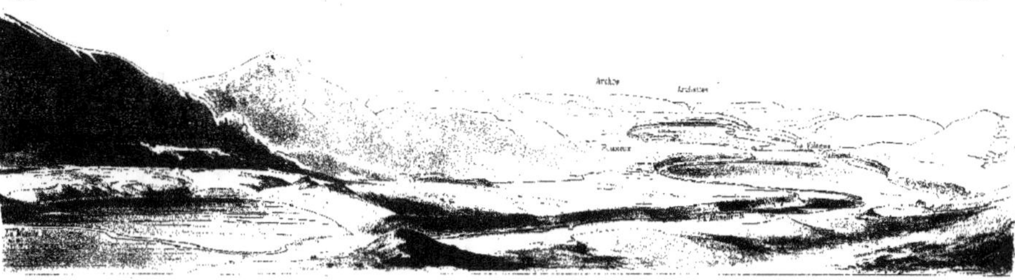

MORAINE PROFONDE, LATÉRALE ET FRONTALE DE LA VALLÉE DE LA MOSELLE, ENTRE ARCHETTES ET LONGUET

(vu dessous de Jussarupt.)

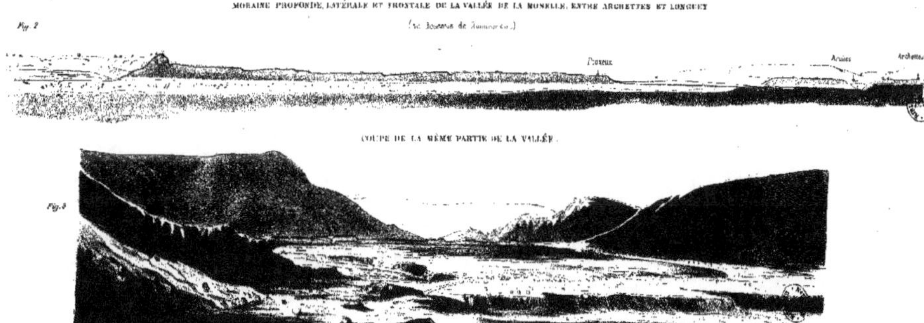

COUPE DE LA MÊME PARTIE DE LA VALLÉE.

LES MÊMES MORAINES VUES D'ELOYES.

MORAINE PROFONDE ET LATÉRALE DE LA VALLÉE DE LA MOSELLE, AU DESSOUS D'ÉPINAL.

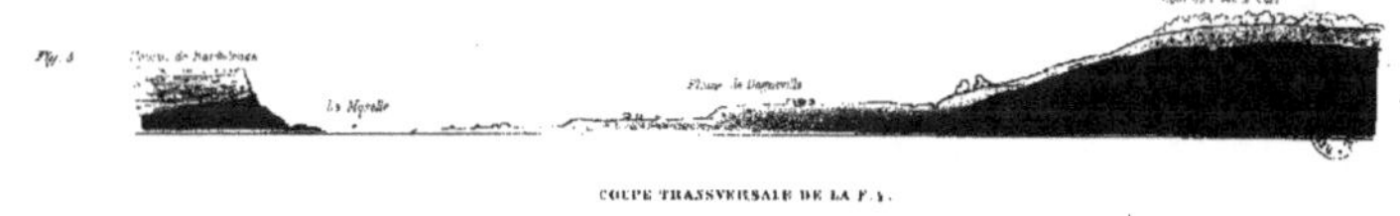

COUPE TRANSVERSALE DE LA F. 4.

MORAINE PROFONDE ET LATÉRALE A L'AMONT DE CHÂTEL

COUPE TRANSVERSALE DE LA VALLÉE DE LA MOSELLE A L'AMONT D'ÉPINAL.

MATÉRIAUX POUR L'ÉTUDE DES GLACIERS
dessin de H. Hogard.

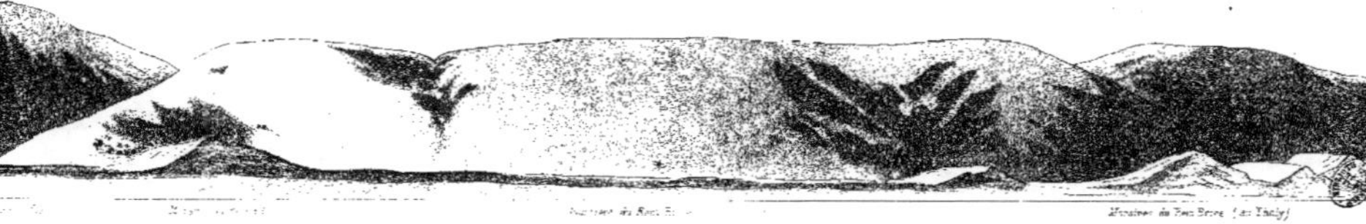

MORAINES FRONTALES ET ... DES BASSINS DE LA MEURTHE ET DE LA FAVE, fig. ... et fig. ... — COUPE DE TERRAIN — COUPE DE LA VALLÉE DE LA VOLOGNE PRÈS DE BRUYÈRES.

COUPE DE LA VALLÉE DE LA VOLOGNE — fig. — COUPE DES MORAINES STRATIFIÉES DE SCIAMÉ. — fig. — COUPE DES MORAINES STRATIFIÉES DU SAUT DES CUVES

...ÉES DE LA MOSELLE ET DE CLEURIE (coupe longitudinale)

LACS DE GÉRARDMER, DE LONGEMER, DE RETOURNEMER.

MATÉRIAUX POUR L'ÉTUDE DES GLACIERS
Dessiné par H. Hogard.

Fig. 1.

Les Sablons de Remanvillers

Fig. 2.

Vallée de la Moselle (Profil transversal)

Fig. 3.

Vallée de la Moselle (Profil longitudinal)

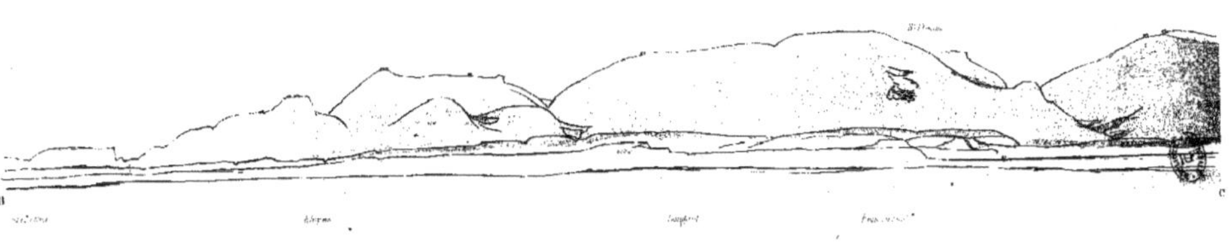

MATÉRIAUX POUR L'ÉTUDE DES GLACIERS.
Dessiné par H. Hogard.

Fig. 1.

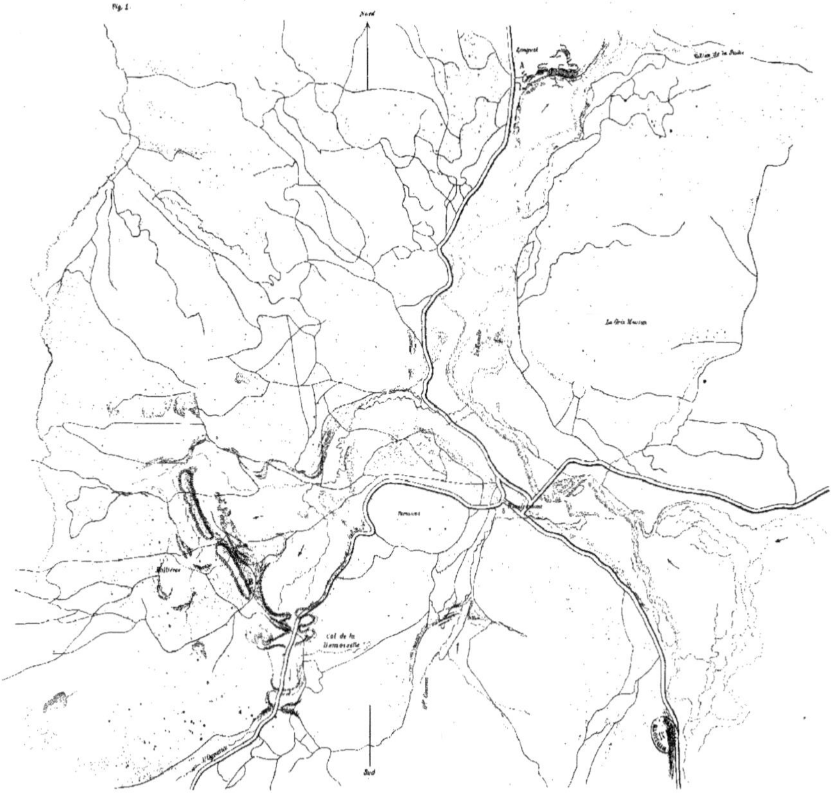

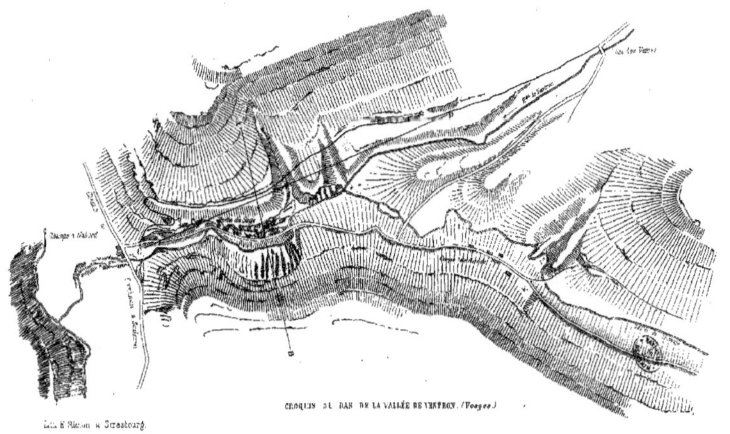

PLAN DES MORAINES DU COL D'OLICHAMP ET DE LA GRANGE COURBE A REMIREMONT. (Vosges.)

Fig. 2.

CROQUIS DU BAS DE LA VALLÉE DE VENTRON. (Vosges.)

Lith. E. Simon à Strasbourg.

MATÉRIAUX POUR L'ÉTUDE DES GLACIERS
Dessins de H. Hogard.

Pl. 18.

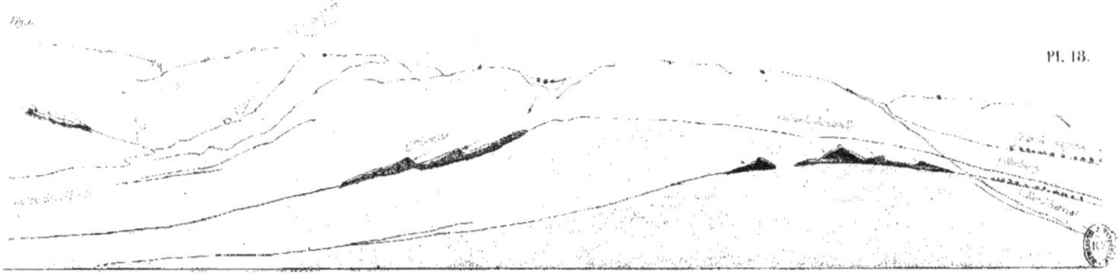

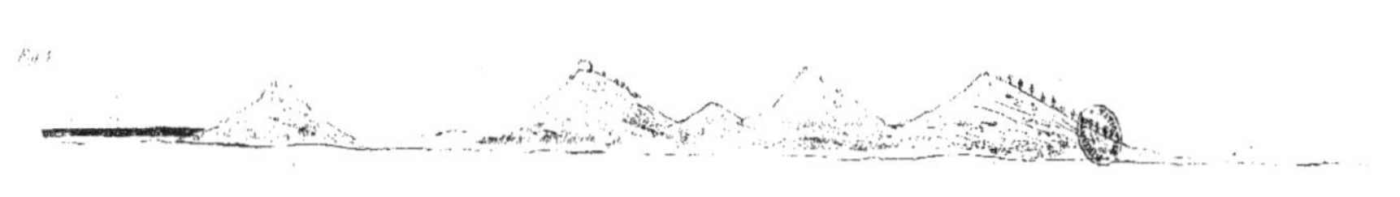

MATÉRIAUX POUR L'ÉTUDE DES GLACIERS.
H. Hogard.

Fig. 1 et 2. VUE ET COUPE DE LA MORAINE FRONTALE DU SAUT-DES-CUVES, PRÈS DE GÉRARDMER.

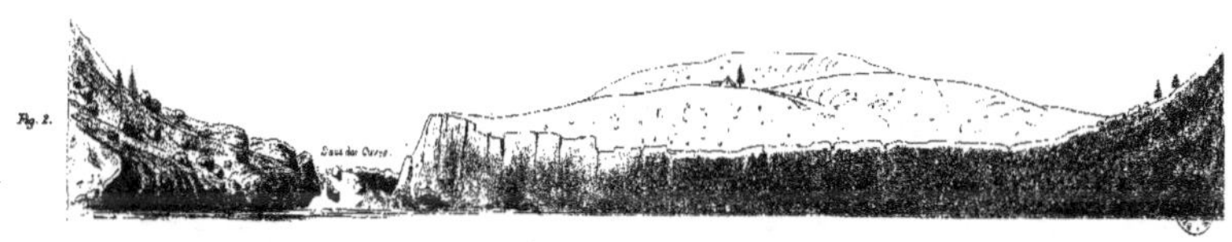

COUPE PRISE A LONGEMER

Fig. 4 et 5. PLAN ET COUPES DES MORAINES DU BAS DE LA VALLÉE DE VENTRON

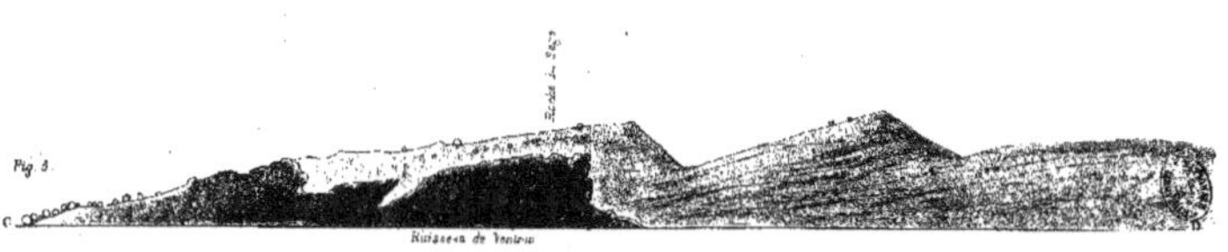

MATÉRIAUX POUR L'ÉTUDE DES GLACIERS
Dessiné de H. Hogard.

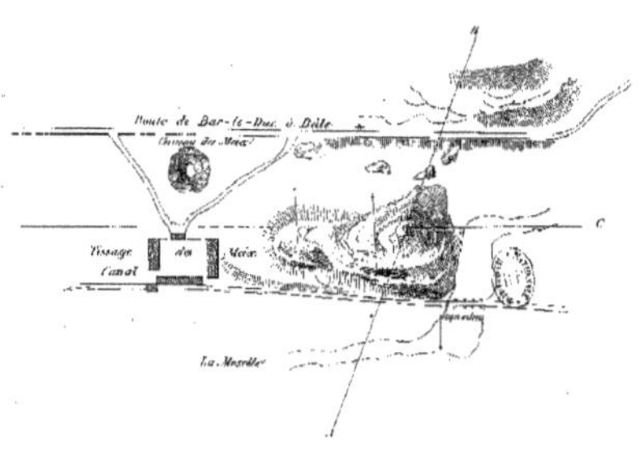

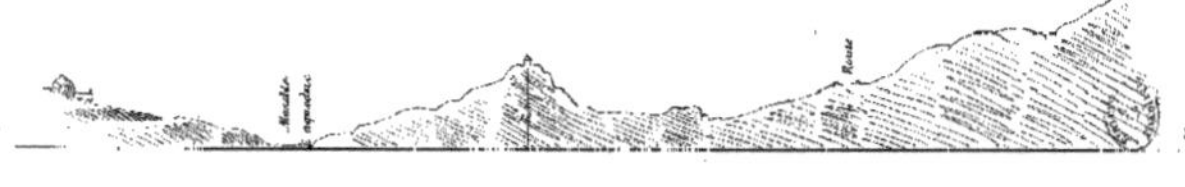

FIG. 1.2.3.4. ROCHERS POLIS ET STRIÉS DU TISSAGE DES MEIX A RUPT.

BLOCS ERRATIQUES DE LA VALLÉE DE ROCHESSON.

Lith. E. Simon à Strasbourg

MATÉRIAUX POUR L'ÉTUDE DES GLACIERS.
Dessiné de H. Hogard.

L. AGASSIZ 1840

1842 1843

1840 790ᵐ de l'abaissement

E. DESOR
1840. 1841. 1842

A Rougemont
le Géne de PFUEL

F. FRANC
H. Hopkins
H. Goodwin
Westminster

Dollfus-Ausset
H. Weber
D. Dollfus fils
G. Dollfus

C. Vogt
C. Nicolet
F. Pourtalès

B. STUDER
A. ESCHER
A. Guyot
Nicholson

HOTEL
des
Neuchatelois

J. F. Pictet
Marcet
BRAVAIS
P. Plantamour
S. Marcet
Jr. Collin

A. FAVRE
Robertson
J. Bourkart

Ott
Stengel
WILD
F. Keller
Canson

H. Coulon
C. E. Girard
Sommerset
J. Huntz

Guides
J. Leuthold

C. Martins
E. Collomb
Herr

Martin de Chauberg
J. l'abschwung
797
J. D. Forbes
H. Michelin

Krantz
6 july 1844
Marcuard

V. Perrot
Robert
Moyat

A. Jeanjaquet
Bellan

C. Mullot
Muller

W. Schimper
Mad. Ch. Martins
Mlle Marie Chavannes
Baden

von Bergen
Traugen

Goets
Herr

HOTEL DES NEUCHATELOIS
GLACIER DE L'AAR
Station d'Observation 1840 1842.

PAVILLON DOLLFUS-AUSSET ALT DE 2404

GLACIER DE L'AAR

STATION MÉTÉOROLOGIQUE DE DOLLFUS-AUSSET
(15 Août 1865 au 1er Septembre 1866)
COL DE ST THÉODULE 3333 m ALT m

VUE GÉNÉRALE DE LA STATION DU LEUS-AUSSE
AU COL DU ST THÉODULE.

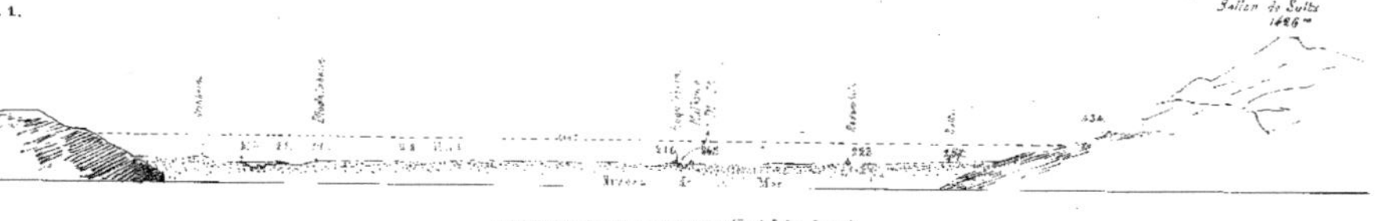

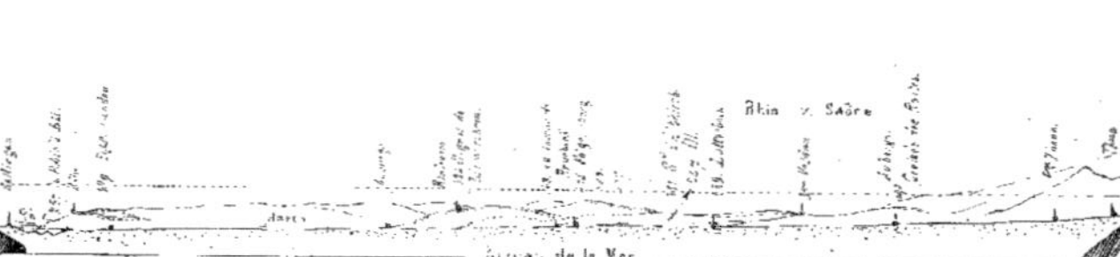

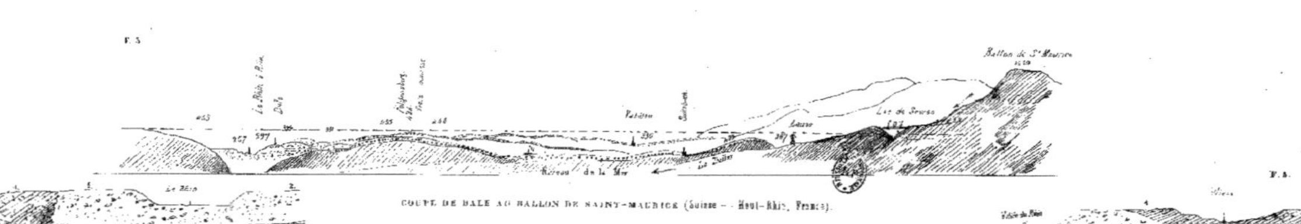

MATÉRIAUX POUR L'ÉTUDE DES GLACIERS, t. III, p. 307 à 332.
Dessin de H. Hogard.

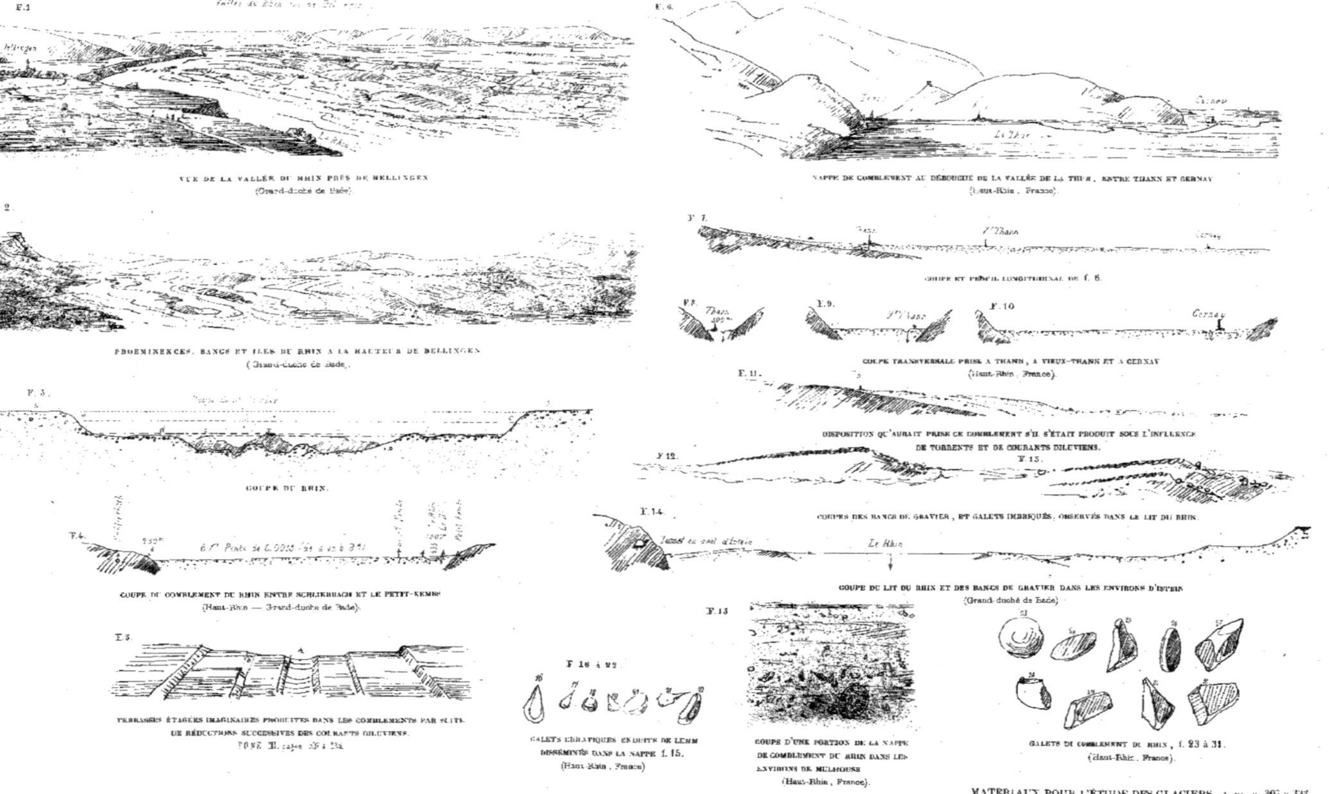

F. 1.
VUE DE LA VALLÉE DU RHIN PRÈS DE BELLINGEN
(Grand-duché de Bade).

F. 2.
PROEMINENCES, BANCS ET ILES DU RHIN A LA HAUTEUR DE BELLINGEN
(Grand-duché de Bade).

F. 3.
COUPE DU RHIN.

F. 4.
COUPE DU COMBLEMENT DU RHIN ENTRE SCHLIERBACH ET LE PETIT-KEMBS
(Haut-Rhin — Grand-duché de Bade).

F. 5.
TERRASSES ÉTAGÉES IMAGINAIRES PRODUITES DANS LES COMBLEMENTS PAR SUITE
DE RÉDUCTIONS SUCCESSIVES DES COURANTS DILUVIENS.
TOME III, page 254 à 258.

F. 6.
NAPPE DE COMBLEMENT AU DÉBOUCHÉ DE LA VALLÉE DE LA THUR, ENTRE THANN ET CERNAY
(Haut-Rhin, France).

F. 7.
COUPE ET PROFIL LONGITUDINAL DE f. 6.

F. 8.   F. 9.   F. 10.
COUPE TRANSVERSALE PRISE A THANN, A VIEUX-THANN ET A CERNAY
(Haut-Rhin, France).

F. 11.
DISPOSITION QU'AURAIT PRISE CE COMBLEMENT S'IL S'ÉTAIT PRODUIT SOUS L'INFLUENCE
DE TORRENTS ET DE COURANTS DILUVIENS.

F. 12.   F. 13.
COUPES DES BANCS DE GRAVIER, ET GALETS IMBRIQUÉS, OBSERVÉS DANS LE LIT DU RHIN.

F. 14.
COUPE DU LIT DU RHIN ET DES BANCS DE GRAVIER DANS LES ENVIRONS D'ISTEIN
(Grand-duché de Bade).

F 16 à 22.
GALETS ERRATIQUES ENDUITS DE LEHM
DISSÉMINÉS DANS LA NAPPE f. 15.
(Haut-Rhin, France)

F. 15.
COUPE D'UNE PORTION DE LA NAPPE
DE COMBLEMENT DU RHIN DANS LES
ENVIRONS DE MULHOUSE
(Haut-Rhin, France).

GALETS DE COMBLEMENT DU RHIN, f. 23 à 31.
(Haut-Rhin, France).

MATÉRIAUX POUR L'ÉTUDE DES GLACIERS. t. III, p. 307 à 332.
Dessins de H. Hogard.

ANCIEN GLACIER DE LA MOSELLE.

COUPE DE L'ANCIEN GLACIER DE LA MOSELLE A LA HAUTEUR

DE CHÂTEL (France, Vosges)

1 Muschelkalk. 3² Moraines profondes, savoir : 2ᵃ Sables et Galets granitiques . 2ᵇ mêmes Galets empâtés dans un dépôt argileux ;

2ᶜ Argiles, sables et galets quartzeux du grès des Vosges.

DÉPOTS ERRATIQUES DE LA MEUSE

(France)

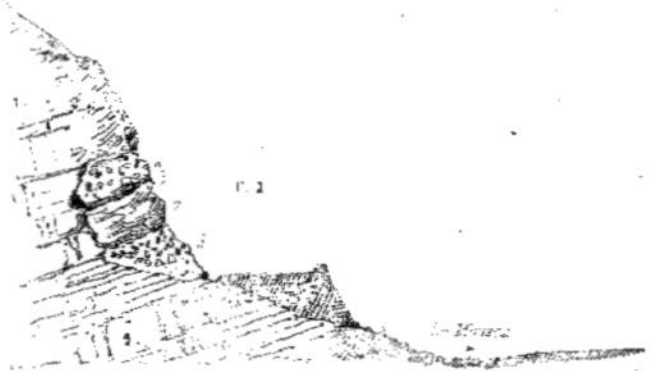

COUPE D'UN DÉPÔT ERRATIQUE LATÉRAL OBSERVÉ
DANS LA VALLÉE DU MOUZON.

VUE DE L'ÉPERON DE VILLARS A AU CONFLUENT DES VALLÉES DU BANY ET DU MOUZON.

COUPE PASSANT PAR LE SOMMET A, (DE L'ÉPERON DE VILLARS)
RECOUVERT PAR UN DÉPÔT ERRATIQUE.

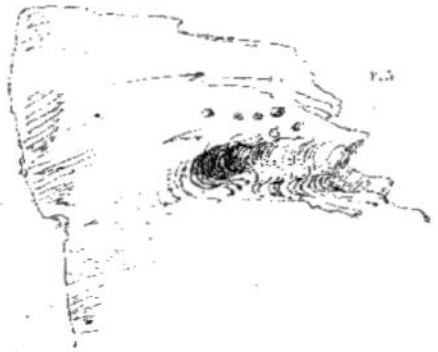

SILLONS ET KARREN DE L'ÉPOQUE
GLACIAIRE QUE L'ON REMARQUE
SUR LES ROCHERS DE S⁺-MIHIEL.

ROCHERS DE SAINT-MIHIEL.

SILLONS ET KARREN DE L'ÉPOQUE
GLACIAIRE QUE L'ON REMARQUE
SUR LES ROCHERS DE S⁺-MIHIEL.

COUPE PRISE SUIVANT LA VALLÉE DE LA MOSELLE, ENTRE IGNEY ET TOUL, ET PROLONGÉE TRANSVERSALEMENT DE LA MOSELLE A LA MEUSE.

MATÉRIAUX POUR L'ÉTUDE DES GLACIERS, t. III, p. 291 à 305.

Dessiné de H. Hogard.

MORAINE PROFONDE DU GLACIER DE L'AAR

(OBERLAND BERNOIS) (Suisse)

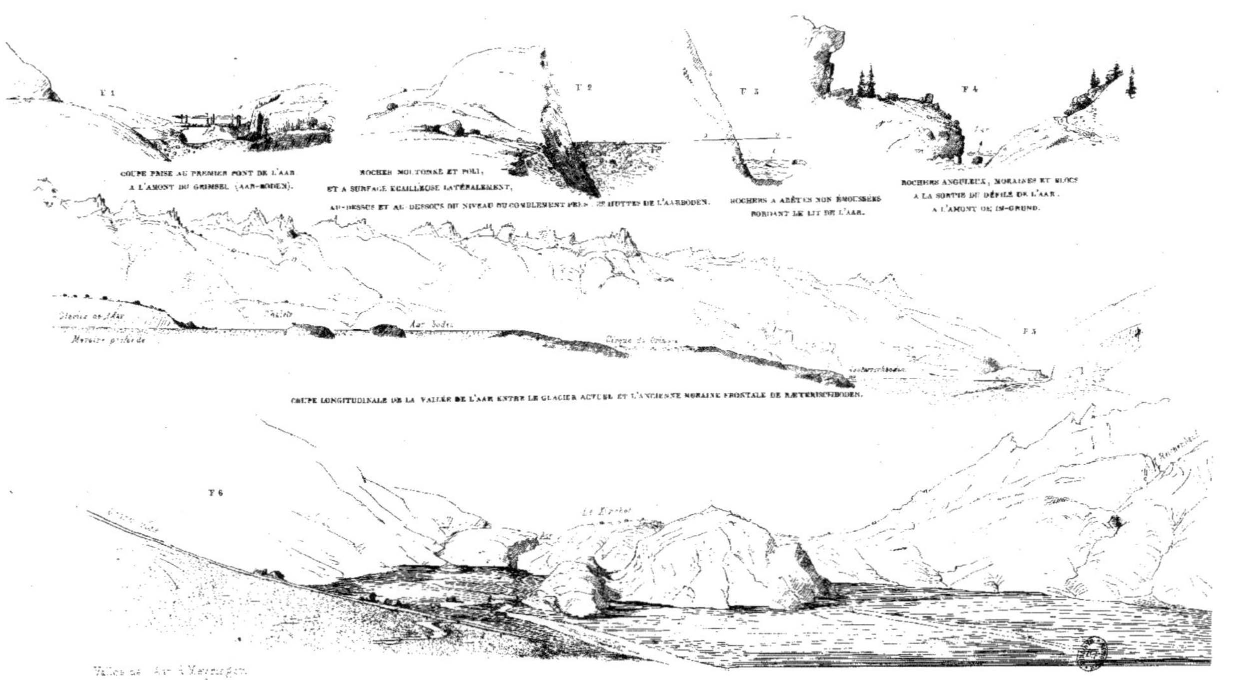

MATÉRIAUX POUR L'ÉTUDE DES GLACIERS t. III, p. 638 à 652
Dessin de H. Hogard.

L'ALLÉE BLANCHE

1. FORMATION INFÉRIEURE D'ORIGINE DES ALPES (Diluvium Alpin). 2. FORMATION MOYENNE D'ORIGINE DES VOSGES, SUR LA RIVE GAUCHE DU RHIN, ET DE LA FORÊT-NOIRE, SUR LA RIVE DROITE. 3. FORMATION SUPÉRIEURE. LEHM OU LOESS DANS LA PLAINE. MORAINES DANS LA MONTAGNE (France — Grand-duché de Bade)

COUPE DES DÉPÔTS SUPERFICIELS DE L'ALLÉE-BLANCHE, PAR M. ED. COLLOMB (Bull. de la Soc. Géol. de France, t. VII, 1850).

(Piémont.)

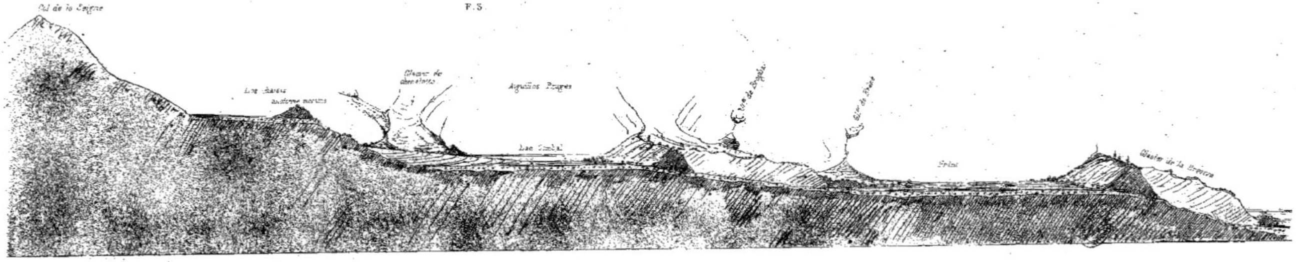

COUPE DES DÉPÔTS SUPERFICIELS DE L'ALLÉE-BLANCHE EN AOÛT 1849.

(Piémont.)

MATÉRIAUX POUR L'ÉTUDE DES GLACIERS, t. III, p. 652 à 654.

Dessiné de H. Hogard.

Impr. Simon à Strasbourg.

BASSIN DU PÔ
(Piémont).

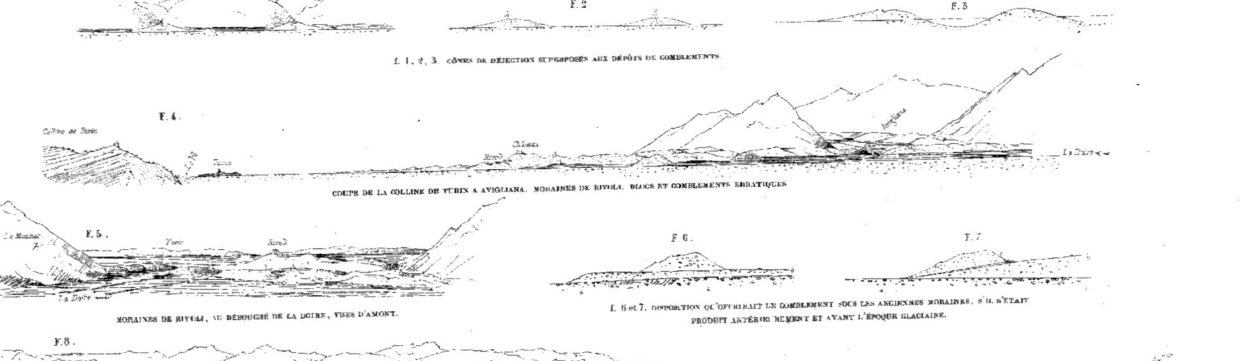
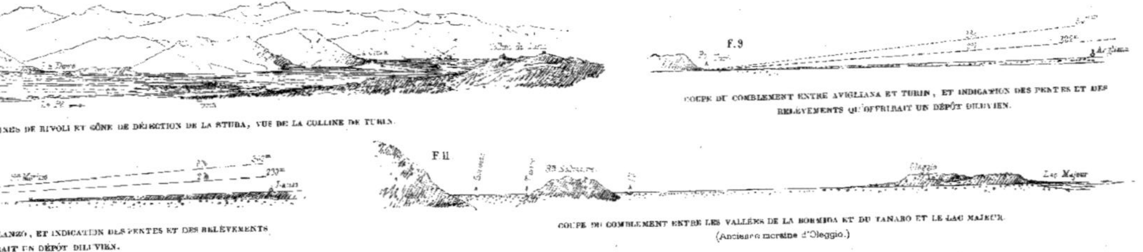
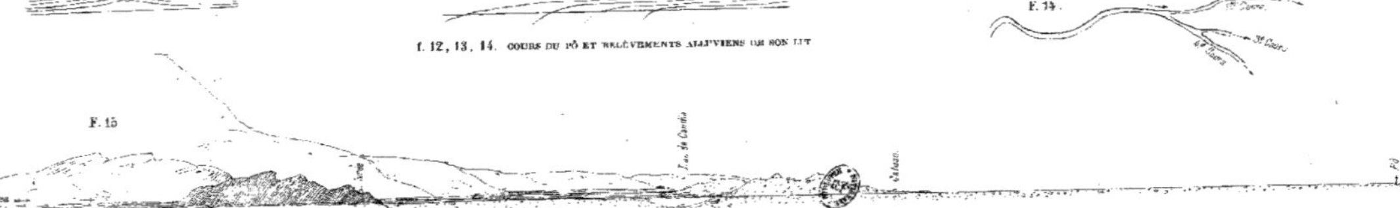

MATÉRIAUX POUR L'ÉTUDE DES GLACIERS, t. III, p. 654 à 671.
Dessins de H. Hogard.

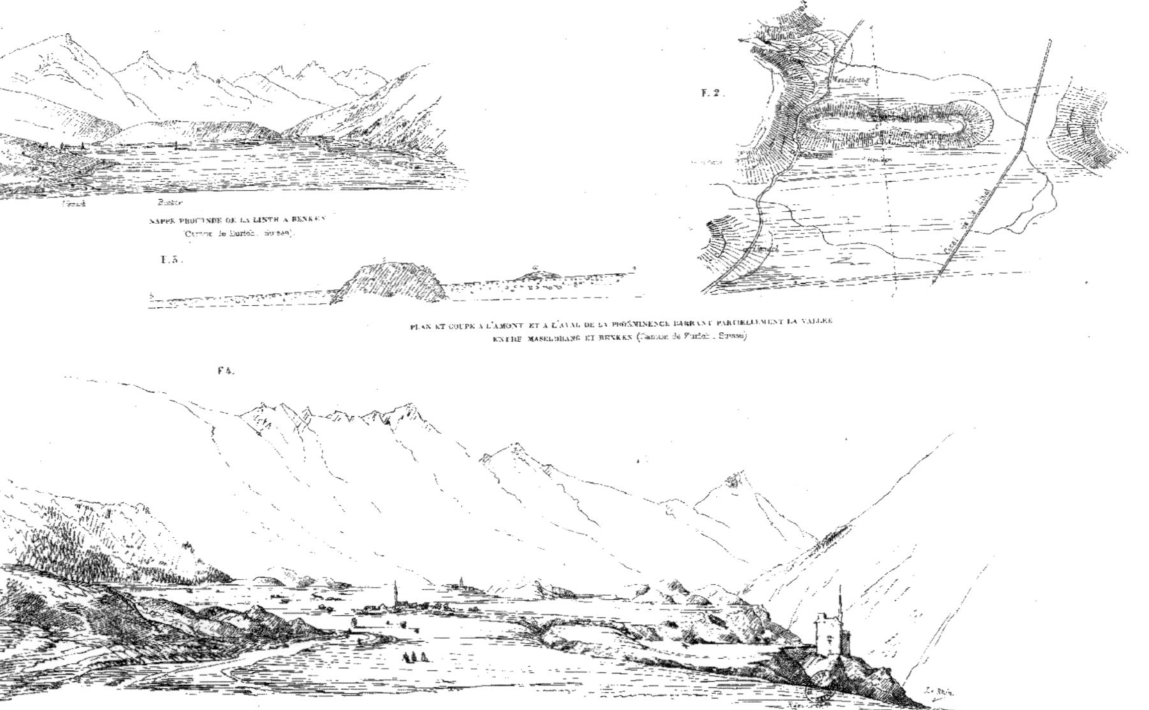

MATÉRIAUX POUR L'ÉTUDE DES GLACIERS, t. III, p. 671 à 716.
Dessins de M. Hogard.

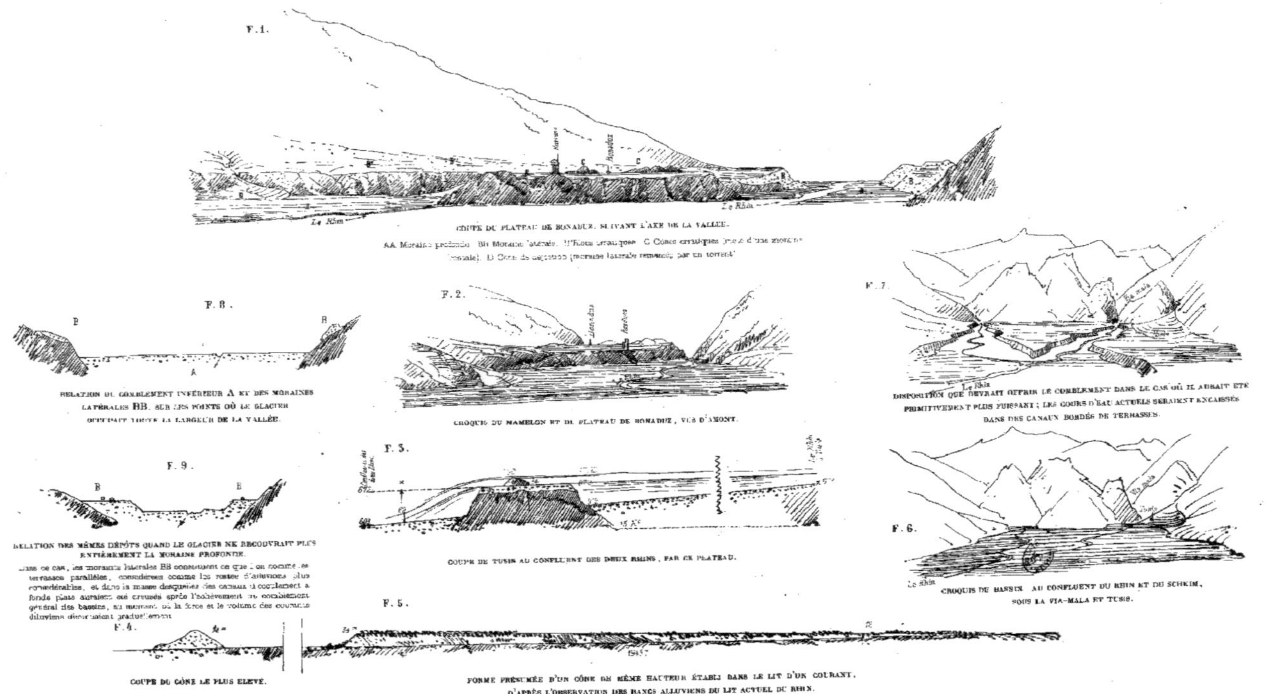

VALLÉE DU RHIN POSTÉRIEUR.
CANTON DES GRISONS (Suisse)
Pl. 32.
F.1.
Le Rhin
Le Rhin
COUPE DU PLATEAU DE BONADUZ, SUIVANT L'AXE DE LA VALLÉE.
AA. Moraine profonde. BB. Moraine latérale. B'. Blocs erratiques. C. Cône erratique (reste d'une moraine
frontale). D. Cône de déjection (moraine latérale remaniée par un torrent).
F.8.
B
B
RELATION DU COMBLEMENT INFÉRIEUR A ET DES MORAINES
LATÉRALES BB, SUR LES POINTS OÙ LE GLACIER
OCCUPAIT TOUTE LA LARGEUR DE LA VALLÉE.
F.9.
B
B
A
RELATION DES MÊMES DÉPÔTS QUAND LE GLACIER NE RECOUVRAIT PLUS
ENTIÈREMENT LA MORAINE PROFONDE.
Dans ce cas, les moraines latérales BB constituent ce que l'on nomme des
terrasses parallèles, considérées comme les restes d'alluvions plus
considérables, et dans la masse desquelles des canaux à coulement à
fonds plats auraient été creusés après l'achèvement du comblement
général des bassins, au moment où la force et le volume des courants
diluviens diminuaient graduellement.
F.4.
COUPE DU CÔNE LE PLUS ÉLEVÉ.
F.2.
CROQUIS DU MAMELON ET DU PLATEAU DE BONADUZ, VU D'AMONT.
F.3.
Le Rhin
COUPE DE TUSIS AU CONFLUENT DES DEUX RHINS, PAR CE PLATEAU.
F.5.
FORME PRÉSUMÉE D'UN CÔNE DE MÊME HAUTEUR ÉTABLI DANS LE LIT D'UN COURANT,
D'APRÈS L'OBSERVATION DES BANCS ALLUVIENS DU LIT ACTUEL DU RHIN.
F.7.
Le Rhin
DISPOSITION QUE DEVRAIT OFFRIR LE COMBLEMENT DANS LE CAS OÙ IL AURAIT ÉTÉ
PRIMITIVEMENT PLUS PUISSANT ; LES COURS D'EAU ACTUELS SERAIENT ENCAISSÉS
DANS DES CANAUX BORDÉS DE TERRASSES.
F.6.
Le Rhin
CROQUIS DU BASSIN AU CONFLUENT DU RHIN ET DU SCHKIM,
SOUS LA VIA-MALA ET TUSIS.
MATÉRIAUX POUR L'ÉTUDE DES GLACIERS, t. III, p. 671 à 716.
Dessins de H. Hogard.
Lith. P. Simon, à Strasbourg

VALLÉE DU RHIN POSTÉRIEUR.

CANTON DES GRISONS (Suisse).

F. 1.

MATÉRIAUX POUR L'ÉTUDE DES GLACIERS, t. III, p. 671 à 716.
Dessiné de H. Hogard.

NAPPE PROFONDE RÉGULIÈRE A LA SORTIE DE LA VIA-MALA, RECOUVERTE PAR UN CÔNE
DE DÉJECTION D'UN VALLON LATÉRAL A TUSIS.

MORAINE PROFONDE, MORAINES LATÉRALES ET FRONTALES, ET CÔNE DE DÉJECTION DE PIGNEU,
BASSE D'ANDEER (VIA-MALA).

MORAINE FRONTALE DANS UN ÉLARGISSEMENT DE LA VIA-MALA A RONGELLA.
LE RHIN COULE AU FOND DE LA COUPURE OUVERTE DANS LES ROCHERS
QUE RECOUVRE CE DÉPÔT ERRATIQUE.

BÆRENBURG, AMONT D'ANDEER, MORAINE PROFONDE FORMANT DES TERRASSES INDIQUANT LES
ANCIENNES LIMITES DU RHIN;
A GAUCHE LA ROUTE EST ÉTABLIE SUR LA MORAINE LATÉRALE (RIVE DROITE).

COUPE DU MAMELON DE BÆRENBURG. SURFACES POLIES ET BLOCS ERRATIQUES A L'AMONT.
AU PIED A L'AVAL, COUPE DE LA MORAINE ET DE LA SECTION DE L'ANCIEN LIT DU RHIN.

Imp. L. D. F. Simon à Strasbourg.

VALLÉE DU RHIN POSTÉRIEUR

CANTON DES GRISONS (Suisse)

MORAINE LATÉRALE GAUCHE DU GLACIER DU RHIN A SUVERS.

DE CHAQUE CÔTÉ DE LA GORGE, SITUÉE A L'AMONT DU VILLAGE, ON VOIT LES MORAINES
D'UN ANCIEN GLACIER LATÉRAL.

HINTER-RHEIN. AU FOND MORAINE FRONTALE. A GAUCHE LA MORAINE LATÉRALE,
CONSERVÉE ET RECOUVERTE DE CÔNES. DÉBRIS REMANIÉS DE DÉPÔTS ERRATIQUES DU FLANC
SUPÉRIEUR DE LA VALLÉE. A DROITE, DIVERS CÔNES S'ÉTAGENT SUR LA MORAINE PROFONDE.
LA MORAINE LATÉRALE DÉMANTELÉE SE RETROUVE EN LAMBEAUX SUR QUELQUES REPLIS DU TERRAIN,
QUI EST TRÈS-ACCIDENTÉ DE CE CÔTÉ.

MATÉRIAUX POUR L'ÉTUDE DES GLACIERS, t. III, p. 671 à 716.

Dessins de **H. Hogard.**

CÔNE ERRATIQUE.

PRÈS DU PONT INFÉRIEUR DE HINTER-RHEIN, A LA SUITE D'UNE COUPURE CREUSÉE DANS CE
DÉPÔT PAR UN FAIBLE RUISSEAU PÉRIODIQUE, ON VOIT UN PETIT CÔNE DE DÉJECTION
FORMÉ PAR LES EAUX.
(Canton des Grisons, Suisse.)

FIN DE LA NAPPE PROFONDE DU RHIN, A QUELQUE DISTANCE EN AVANT DU GLACIER DE RHEINWALD.
CÔNE DE DÉJECTION FORMÉ PAR LES EAUX A L'ORIGINE DE CETTE NAPPE.
(Canton des Grisons, Suisse.)

LUNGERN.

AA Moraine profonde. BB Cônes ou moraines latérales remaniées par les eaux. C Cône de déjection actuel
à l'issue de la coupure ouverte par le torrent dans le cône C.
(Canton d'Unterwalden, Suisse.)

VALLÉE DU RHIN POSTÉRIEUR

Fig. 1.

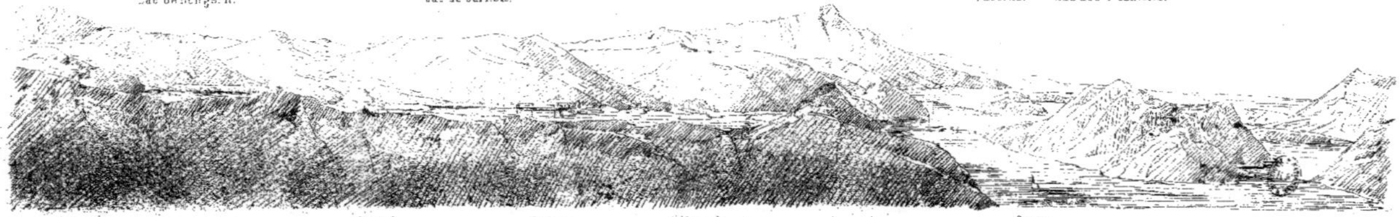
Lac de Lungern.
Lac de Sarnen.
Lucerne.
Lac des 4 Cantons.
Giswyl.
Sarnen.
Alpnach.
Stantz.

MORAINE PROFONDE ET CÔNE DE DÉJECTION ENTRE LE BRÜNIG ET LUCERNE, A LUNGERN, A SARNEN, DANS LE VAL DE STANTZ ET AU PIED DE LA CHAÎNE DU PILATE.
(Cantons de Lucerne et d'Unterwalden, Suisse.)

Fig. 2.

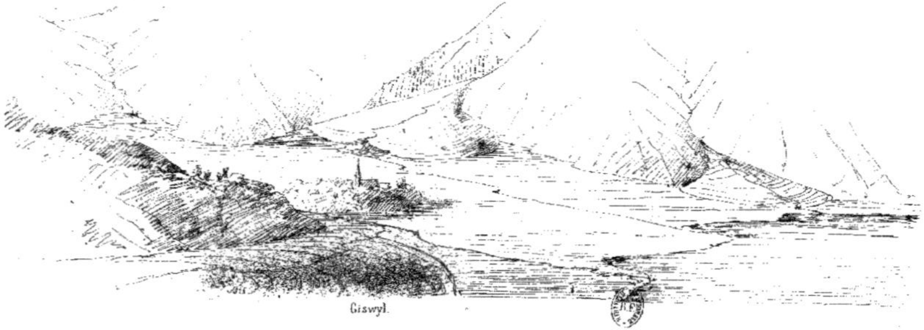
Giswyl.

RELATIONS DES MÊMES DÉPÔTS (fig. 1) A L'AMONT DU LAC DE SARNEN.
(Canton d'Unterwalden, Suisse.)

Fig. 3.

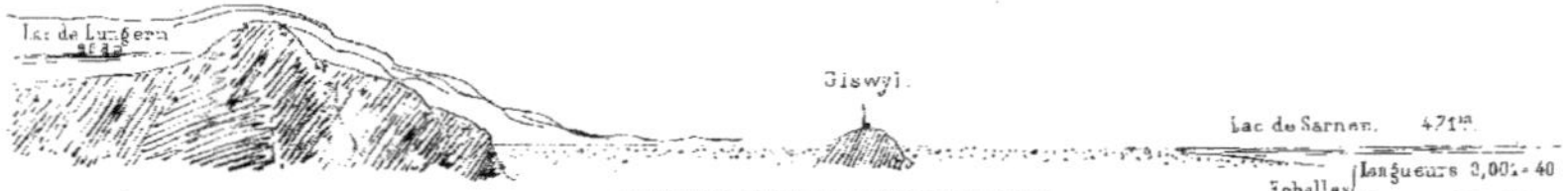
Lac de Lungern
Giswyl.
Lac de Sarnen. 471m
Echelles { Longueurs 0,001 = 40
Hauteurs 0,01 = 10

COUPE ENTRE LES LACS DE LUNGERN ET DE SARNEN.
(Canton d'Unterwalden, Suisse.)

Lith. d. Simon à Strasbourg

MATÉRIAUX POUR L'ÉTUDE DES GLACIERS, t. III, p. 671 à 716.
Dessins de H. Hogard.

F. 1.

CIRQUE ENTRE SAINT-BERNARDIN ET SAN-GIACOMO.
MORAINE PROFONDE RECOUVERTE PAR LES CÔNES DE DÉJECTION DE DEUX TORRENTS.
(TICINO.)

F. 2.

ASPECT DU CIRQUE (fig. 1) DANS LE CAS D'UN COMBLEMENT EXÉCUTÉ PAR LES EAUX
DE LA MOESA.

F. 3.

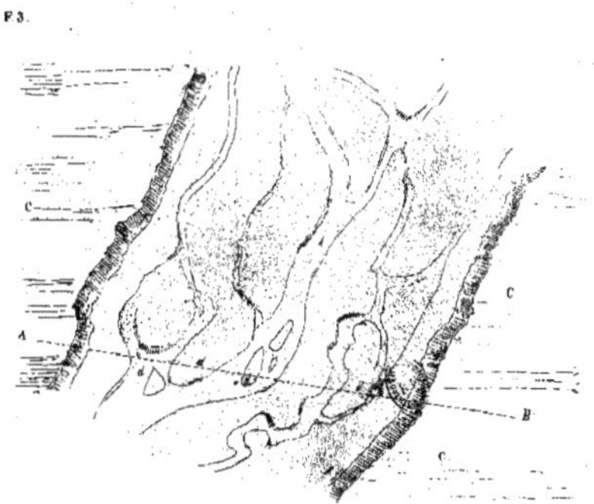

PLAN D'UNE PORTION DU COURS DU RHIN, DANS LES ENVIRONS DE COIRE.
(Canton des Grisons, Suisse.)

F. 4.

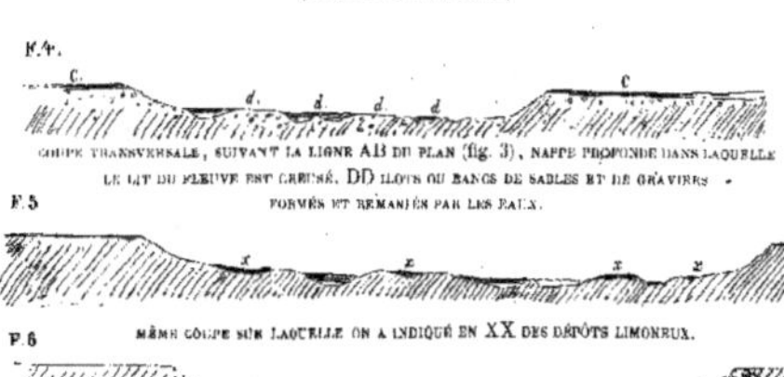

COUPE TRANSVERSALE, SUIVANT LA LIGNE AB DU PLAN (fig. 3), NAPPE PROFONDE DANS LAQUELLE
LE LIT DU FLEUVE EST CREUSÉ. DD ILOTS OU BANCS DE SABLES ET DE GRAVIERS
FORMÉS ET REMANIÉS PAR LES EAUX.

F. 5.

MÊME COUPE SUR LAQUELLE ON A INDIQUÉ EN XX DES DÉPÔTS LIMONEUX.

F. 6.

COUPE IMAGINAIRE DU MÊME TERRAIN, OFFRANT DES TERRASSES PARALLÈLES, MARQUANT LES
RETRAITES SUCCESSIVES DES EAUX, CONFORMÉMENT A LA THÉORIE DILUVIENNE ET D'APRÈS
PLUSIEURS AUTEURS, MAIS QU'ON NE RENCONTRE DANS AUCUNE DES VALLÉES
CONNUES JUSQU'ICI.

VALLÉE DU RHIN POSTÉRIEUR

F. 1.

COUPE DU TERRAIN ERRATIQUE DE TAMINS.
(Canton des Grisons, Suisse.)

F. 2.

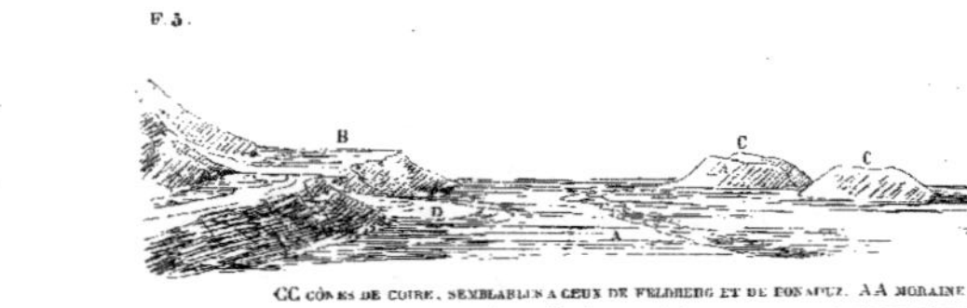

LA VALLÉE DU RHIN A SES ROCHERS CONIQUES FAISANT SAILLIR A LA SURFACE NIVELÉE DE LA
MORAINE PROFONDE, ET RECOUVERTS DE SABLES, DE GALETS ET DE BLOCS ERRATIQUES.
(Canton des Grisons, Suisse.)

F. 3.

COUPE, SUIVANT L'AXE DE LA VALLÉE, D'UNE DE CES BUTTES CONIQUES DE ROCHES.

F. 4.

MORAINE PROFONDE AA, PRÈS DU VILLAGE DE FELDBERG, BATI SUR UN CÔNE DE DÉJECTION B
D'UN TORRENT. CC DEUX CÔNES GRAVELEUX, RESTES D'UNE ANCIENNE MORAINE FRONTALE.
(Canton des Grisons, Suisse.)

F. 5.

CC CÔNES DE COIRE, SEMBLABLES A CEUX DE FELDBERG ET DE PONTALT. AA MORAINE PROFONDE.
B MORAINE LATÉRALE. D CÔNE DE DÉJECTION ANCIEN, FORMÉ DES DÉBRIS
DE LA MORAINE LATÉRALE.
(Canton des Grisons, Suisse.)

F. 6.

CÔNE, OU PORTION SÉPARÉE DE LA MORAINE FRONTALE DU GLACIER DU RHÔNE PAR LES EAUX
SORTANT DE CE GLACIER.
(Canton du Valais, Suisse.)

Lith. E. Simon à Strasbourg.

MATÉRIAUX POUR L'ETUDE DES GLACIERS, t. III, p. 671 à 716.
Dessins de H. Hogard.

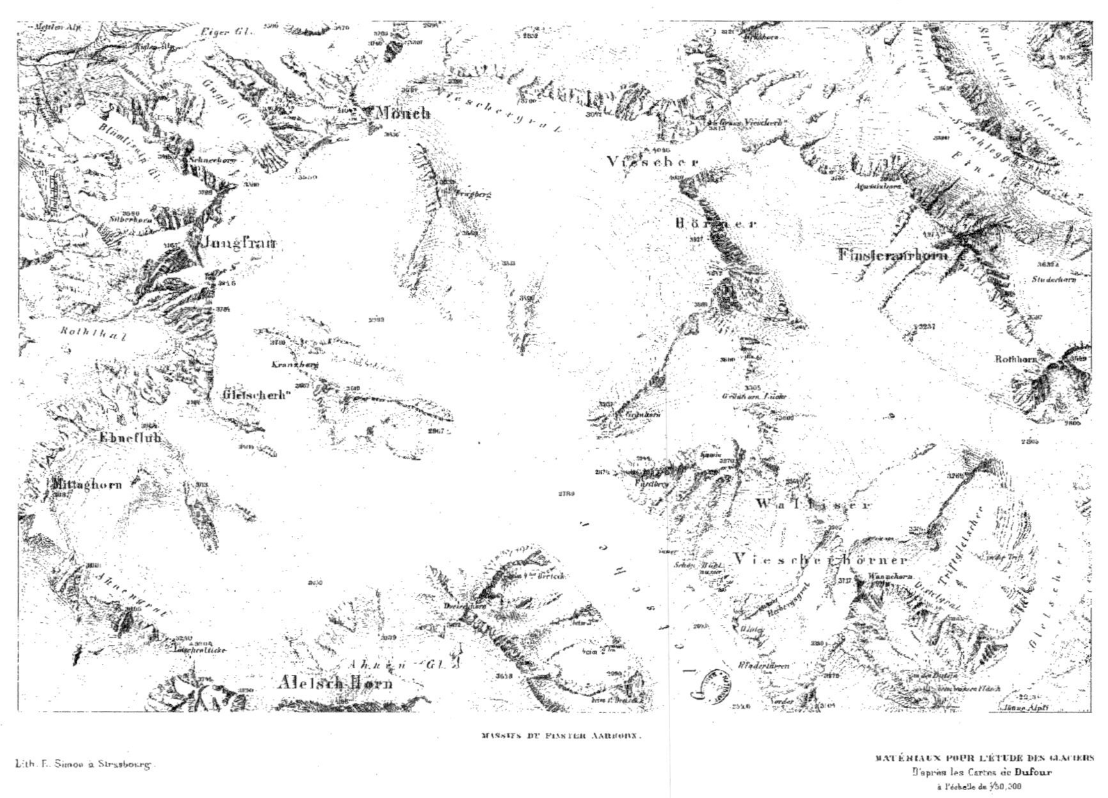

MASSIFS DU FINSTER AARHORN.

Lith. F. Simon à Strasbourg.

MATÉRIAUX POUR L'ÉTUDE DES GLACIERS
D'après les Cartes de Dufour
à l'échelle de 1/50,000

GLACIER DE LA BREXVA (Mont-Blanc)

Fig. 2

GLACIER DE VIESCH (Valais)

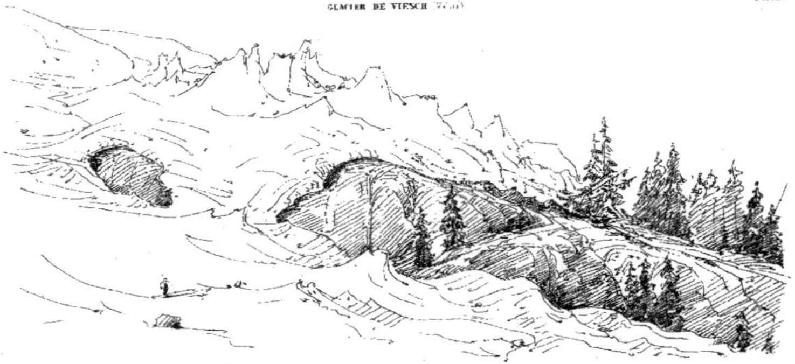

Fig. 1

GLACIER DE LA BREXVA. - Pente terminale (Mont Blanc)

GLACIER D'ALETSCH. - Bonte terminale, rive gauche (Valais-Suisse)

MATÉRIAUX POUR L'ÉTUDE DES GLACIERS (1858).

Dessins de H. Hogard.

Imp. Simon, à Strasbourg

www.ingramcontent.com/pod-product-compliance
Lightning Source LLC
LaVergne TN
LVHW021737170726
843503LV00004B/1619